ファーストコールカンパニーシリーズ

本当は“おいしい”フードビジネス

100年先も面白い成長モデル

小山田眞哉 著
タナベ経営 食品・フードサービスコンサルティングチームリーダー
＋
タナベ経営 食品・フードサービスコンサルティングチーム 編

FOOD BUSINESS

ダイヤモンド社

はじめに　食品のファーストコールカンパニーを目指す

「食品ビジネス成長戦略研究会」のスタート

二〇一一年七月、タナベ経営は「食品ビジネス成長戦略研究会」（現「食品・フードサービス成長戦略研究会」）を立ち上げた。このコンセプトは、「成長戦略を実現する食品関連企業経営者のための現地視察型研究会」というもの。参加メンバーは、いずれも「一〇〇年先も顧客に一番に選ばれる会社（ファーストコールカンパニー）」に挑んでいる食品関連企業の経営者・後継者ばかりである。

この研究会では、北は北海道から南は沖縄、また海外にまで足を運び、各地の優秀な食品関連企業の現地・現場・現物を視察するとともに、さらにそのトップや現場責任者などから話を直接うかがう。そこで得た知見をもとに、メンバーでディスカッションを行い、成長戦略の実現に向けた血肉にしていこうというのが目的である。

以来、当研究会は参加メンバーを変えながら、回を重ねて実施しており、多くの食品関連企業から好評を得ている。そして研究会で学んだ参加メンバーの中から、現実に「ファーストコールカンパニー」が育ちつつある。

ユニークかつ高収益・高成長を続ける、そんな価値ある企業の視察先が、すでに五〇社を超えた。研究会を主宰するタナベ経営の食品ドメインチームも、各コンサルタントが全国の食品関連企業の問題解決に東奔西走する中で、数多くの経営改善メソッドを得た。そこで、これらの経験から培った知見や改善手法について、実例を中心に整理し、全国の食品関連企業の皆さまに発信しようというのが、本書をまとめた動機である。

今、日本の食品ビジネスは分岐点にある

日本の食品ビジネスは今、大きな岐路に立たされている。デフレ経済に端を発した価格競争に巻き込まれ、成長性・収益性のいずれもが低い企業と、マーケットを自ら創造し、トップシェアを確保して成長性・収益性が高い企業とに二極化している。

今後は、人口減少に伴う国内市場の縮小、輸入食品の増加によるグローバル規模での価格競争、食品メーカーの直販シフトやインターネット通販・宅配によるチャネル転換など、食品業界の構造そのものが大きく変化していくだろう。もはやトップシェア企業しか生き残りは難しくなる、と言っても過言ではない。

食品ビジネスに関わる企業は、「成長し続ける会社」になるか、「成長しないが生き残る会社」

になるか。いずれかの選択を迫られることになる。このどちらでもない、過去の延長線上に居続ける会社は、マーケットからの退場を余儀なくされるに違いない。

これは食品メーカーだけの問題ではない。食品関連の卸売・小売業も同じである。「良い品をより安く」という掛け声はいいが、〝より安い〟だけの商品仕入れ・商品開発・売り場訴求では、成長や生き残りは難しい。

例えば、小売業の代表格であるスーパーマーケットは、過去は「モノ不足」マーケットに対し、低価格という魅力をバイイングパワーによって実現してきた。だが、現在のマーケットは「モノ過剰」であり、消費者から見れば「何でもあるが、欲しいものは何もない」という魅力なき店に陳腐化した。価格競争の果てに、他店との同質化競争を招き、さらに値下げに走るという、いわば自らを縄でがんじがらめに縛ってしまう自縄自縛型の低収益モデルに陥っている。

一〇〇年先も一番に選ばれる会社「ファーストコールカンパニー」を目指そう

日本には現在、創業一〇〇年以上の〝長寿企業〟が全国に二万七三三五社（帝国データバンク『長寿企業の実態調査（二〇一四年）』）あるとされる。日本国内に存在する企業は約三八六万社（二〇一二年二月時点、中小企業庁）を数えるといわれ、そこから試算すると一〇〇年続く企業はわずか〇・七％にすぎない。会社を一〇〇年続けるということが、いかに困難であるかがお分かりになると思う。

儲からない販売先に、儲からない商品を、儲からない生産（仕入れ）方式で、儲からない流通経路で提供している限り、会社を一〇〇年間存続させることはできない。そうした業界構造を自ら変化させる企業だけが、一〇〇年存続する会社になる挑戦権を手にすることができる。

もちろん、それを実現するにはアイデアが要る。しかし、自社だけでそれをひねり出そうにも限界がある。そこで、多くの面白い会社、魅力ある商品、前向きで元気な経営者と出会い、素晴らしい数々の構造転換を目の当たりにすることで、未来の自社（自分）の姿を明確に決定付けていく必要がある。食品ビジネスにおいてそれを実現するツールが、私たちの提供する「食品・フードサービス成長戦略研究会」だと考えている。

一〇〇年先も顧客から一番に選ばれる会社、「ファーストコールカンパニー」を目指そう――。

タナベ経営では、企業が目指すべき姿として、このファーストコールカンパニーを提唱している。これを具現化するため、他社のよき事例を現場視点で学び、自社のビジネスモデルに還流させる研究会を、成長ドメイン（事業領域）ごとに続々と立ち上げているところである。

今回の「食品・フードサービス成長戦略研究会」は、その中のプロジェクトの一つである。

運営に当たっている私たち食品ドメインチームのメンバーは、全国一〇拠点にそれぞれ所属し、地域に密着して企業の問題解決・経営改善を支援している食品分野専門のコンサルタント集団だ。その一人一人の経験から紡いだ本書が、問題意識の高い読者の皆さまのお役に立ち、食品ビジネスの発展の一助になれば幸いである。

二〇一五年一〇月

タナベ経営 食品・フードサービスコンサルティングチームリーダー
小山田眞哉

序章

「変化を経営する会社」が持続的成長を実現する

第1章 顧客価値のあくなき追求

第2章 ナンバーワンブランド事業の創造

第3章

強い企業体力への意志

第4章

自由闊達に開発する組織

第5章 ファーストコールカンパニーの成長戦略事例

序章

「変化を経営する会社」が持続的成長を実現する

1……"なぜ"こんなに違うのか?

日本の食品市場は人口減少とともに縮小し、食品関連企業が成長していくことは今や容易ではなくなった。多くの企業は、前年実績をいかにしてクリアするか、黒字にどう着地させるかに汲々《きゅうきゅう》としている。従来のやり方に固執し、変化に挑戦しない企業は、成長性や収益性を手にすることはできない。

実際、自ら変化に挑んでいく企業は、業績が好調である場合が多い。その例として、次の二社をまず紹介する。

(1) 一二期連続増収増益、売上高経常利益率一二%の高成長・高収益外食企業

郊外の住宅立地や幹線のロードサイドには目もくれず、高い家賃の駅前立地にしか出店しない外食企業がある。同社は、マーケットと顧客を真剣に見つめ、業界や既成概念にとらわれない独自の戦略を推進し、一二期連続の増収増益、売上高経常利益率一二%という高成長・高収益を実現している。単なる立地選定だけでなく、長時間営業の「現代の屋台」を標榜し、駅前

立地の高い家賃をカバーする売上げと、一〇%以上の売上高経常利益率を確保できるコスト構造を構築している。

(2)消費地から遠く離れた農場に年間三〇〇万人の来場客を呼び込む食品企業

朝産みたての卵を食べてもらいたいという一心から直売所をつくり、客から客へのクチコミで来場顧客が増え、今やバスツアー客まで訪れる鶏卵農場がある。卵の本当のおいしさを提供したいという創業の思いが、市販品チャネルで店頭に並ぶ卵との違いとして顧客に伝わり、同社の成長を後押ししている。第一次生産者の立場を基軸においしさを追求することで、現在は製造メーカーとして加工品の商品開発・直売を行う第六次産業へと発展させている。

この二社はいずれも、業界の従来の常識にとらわれず、顧客を見て、顧客を知り、思い切って自社を変化させた。それゆえに高成長・高収益を成し遂げている。このように企業の取り組み方の違いが、成長性や収益性といった形で明確に表れてくるのだ。

2……大きな構造転換を迎える食品マーケット

(1) 戦後の食品業界の大きな変化は「工業化・加工食品化」

内閣府の『平成二六年度 年次経済財政報告(経済財政白書)』の長期経済統計から、日本の国内総生産(GDP、名目ベース)の推移を見ると、高度経済成長が始まった一九五五(昭和三〇)年度は八・八兆円だった。それが五年後の一九六〇(昭和三五)年度には一七・一兆円と約二倍に達し、一九七〇(昭和四五)年度は七七・一兆円、一九八〇(昭和五五)年度では二五一・五兆円と、二五年間で二八倍も伸びた。

そして一九九七(平成九)年度に五二一・三兆円とピークアウトを迎え、二〇一四(平成二六)年度は四九〇・八兆円である。いずれにせよ高度経済成長期から約六〇年間で、名目GDPは約五五倍にも拡大した。

経済の発展に伴い、国民の食生活も急激に変化した。一九四六(昭和二一)年度の国民一人当たり供給カロリーは、戦後の混乱による食料不足で一四四八カロリー。また家計に占める食費の割合も高く、エンゲル係数（都市全世帯）は六六・七％だった。だが一四年後の一九六〇年度には、供給カロリーが二二九〇カロリーと急激に改善、エンゲル係数は四一・五％と大幅に低下した（旧科学技術庁『昭和五五年版 科学技術白書』）。

一方、日本の食料自給率（カロリーベース）は一九六五（昭和四〇）年度の七三％から、一九八九（平成元）年度には四九％と五割を切り、二〇一〇（平成二二）年度以降は三九％と低い水準が続いている（農林水産省『平成二五年度食料自給率をめぐる事情』）。国内で自給可能なコメの消費量が減少する一方、国内で生産が困難な飼料穀物、大豆やなたねなどの油糧原料を使用する畜産物や油脂類の消費が増加したためである。

農林水産省の『平成二六年度食料需給表』によると、日本人の一人当たり品目別消費量は、一九六五年度を一〇〇とした場合、コメは二〇一四（平成二六）年度に四九まで半減。他方で肉類・鶏卵、牛乳・乳製品、油脂類は、それぞれ二二九、二三九、二二四と大きく増加している。

すなわち、日本人の食生活は国産を中心とした素材型の食品から、輸入を前提にした加工食品へと変貌し、特に加工食品市場と外食市場が飛躍的な成長を果たしたのである。

戦後の「食の洋風化」の象徴であるパン食の伸びと、日清食品が販売を開始した即席麺（一九五八年）にみられる食の簡便化と即食化ニーズ、ハレの日の食事として大きく市場が拡大した外食化・ファストフード化などにより、食品加工需要は大きく拡大した。冷凍食品やレトルト食品、ロングライフ食品（添加物や保存料などを使わずに長期保存できるようにした食品）、電子レンジアップ食品など、生活様式の変化とともに食品製造技術も多様化・高度化が進んだ。素材を購入し家庭で料理をつくって食べるという食事形態から、加工食品を購入し手軽に食事をしたり、外食や中食を楽しんだり、という生活スタイルが広まった。

食品加工業や外食産業は、こうした市場規模の拡大と食生活の変化という追い風を受けて、発展してきたのである。

（2）食品の国内市場はピークアウト

一方、若年層の未婚率上昇に伴う少子化と、高齢化による独居老人の増加から、日本の全世帯に占める単身世帯の割合が年々上昇している。従来、国内消費は「親と子」のファミリー世帯が支えてきたが、今や全世帯の半数を割り込み、二人世帯や単身世帯が多くを占めている。

国土交通省の推計（二〇一一年二月）によると「夫婦と子」世帯が二〇五〇年には少数派となり、それに代わって単身世帯が約四割と最も多い世帯となる。また、単身世帯のうち高齢者の割合は五割を超え、二〇五〇年まで増加し続けるという。ＧＤＰの六割を握る国内消費の主役が、家族から単身者にシフトするということである。

人口のピークアウト、少子高齢社会を迎えたことで、これまで拡大してきた食品マーケットは、長期衰退マーケットに大転換したと見て取れる。

この傾向は、衰退型の人口・経済規模にみられる社会構造の変化と、戦後の食品ニーズの変化が原因だ。これは、エンゲル係数の変化や国内食品の家計消費（最終消費）の減少からも明確である。食品企業にとっての環境は、「量の拡大を前提にしない付加価値づくりが余儀なくされる」ことを前提に置く必要がある。

すなわち、エンドユーザーへの市販品マーケットと、外食や加工品製造などの業務品マーケットそれぞれで市場細分化を図る必要がある。

（3）消費構造は「低価格」「こだわり」に二極化した価値観へ変化

カジュアルギフト（パーソナルギフト）が、生活シーンを豊かにしてくれると実感する消費者が増えている。中元・歳暮など儀礼やしきたりで贈るフォーマルギフトとは別に、個人的にお世話になっている方々へプレゼントを贈るもので、母の日やバレンタインデー、あるいは誕生日などがその代表例である。

そのギフト商品を探し、かつ自分も気に入った商品について、最近は生産者自体をぜひ応援したいという価値観が生まれている。気に入った商品は、気が置けない仲間や、大切な人への季節の贈り物としてだけでなく、自分へのご褒美として自家消費する。そこでは、手間暇をかけてでも自分の食シーンに取り入れる努力がなされる。

現在、食品をめぐる消費者の価値観は、出費を抑えるために低価格なものを求めるという抑制の価値観と、高い価格でも食の本物、本来の姿にこだわり、おいしさを求めるという情熱の価値観に二極化しており、こうした変化を捉え直す必要が生じている。

(4) 儲かる企業は成長性・収益性ともに高い

一方、食品企業においても二極化が進んでいる。儲かる企業と、損する企業の二極化である。つまり、成長力格差と収益力格差が強烈に広がっているのだ。なぜか。その原因を挙げると、大きく分けて次の四点である。

①量販店の最終決戦・優勝劣敗

地域の利便性と商品の安売りで展開してきた量販店は、今ではディスカウンターやドラッグストアなどの後発業態に席巻されようとしている。地域トップクラスのリージョナルスーパーも最終決戦を強いられており、一強しか生き残れなくなっている。いわゆる優勝劣敗の争いが全国規模で展開され、その影響から食品メーカーの成長力・収益力の格差拡大が加速している。

②ＳＰＡ（製造小売業）やコンビニエンスストアの全国席巻

ナショナルブランドの仕入れによる品ぞろえや、メーカー商品の名前だけを変えたプライベートブランドの提供だけにとどめている食品流通企業は、市場からの退出を余儀なくされようとしている。従来の商品ではカバーし切れなかった消費者ニーズを捉え、素材仕入れ・商品設計から携わり、メーカーとともに自社でしか提供できない商品を開発できる流通業が顧客を創造している。また、店内調理による出来たてサービスを展開するコンビニエンスストアも、全国を席巻している。

③個別宅配事業の台頭

店舗を構えて顧客が来るのを待つ広域集客型の小売業から、小売業の原点である行商のように、個人客のもとに出向いていく個別宅配型の小売業が伸長している。生活協同組合をはじめ、食品スーパーやコンビニエンスストアなどの宅配事業が台頭してきているほか、最近ではアマゾンジャパンが食品メーカーと共同開発した限定商品の販売を始めた。個別宅配は、食品企業にとっても目が離せない流通構造の変化だ。

④コンビニ・通販の勢力拡大

小売業のうち、百貨店、スーパーマーケット、コンビニエンスストア、通信販売の四業態の年間販売額（二〇一四年度）を見ると、百貨店が六・七兆円、スーパー一三・三兆円、コンビニ一〇・五兆円、通販六・二兆円。これを一〇年前の二〇〇四（平成一六）年度と比べると、百貨店は二三・七％減と二桁のマイナス、スーパーは五・五％増。それに対してコンビニは四四・五％増と二桁の伸びを示し、通販に至っては二倍強となっている（経済産業省『商業動態統計』、日本通信販売協会）。

全体の販売総額に占めるシェアを見ると、百貨店・スーパーは〇四年度で計六七・四％と六割を超えていたが、一四年度では五四・五％と一〇年間で一二・九ポイント低下した。一方、コンビニ・通販は〇四年度の計三二・六％から、一四年度は計四五・五％に上昇し、シェアが拮抗している。いずれ両者のシェアは逆転すると思われる。

百貨店とスーパーは小売業界の中心業態として長らく君臨してきたが、これらの業態に依存している食品企業は今後、伸び悩む可能性が高い。一方、コンビニや通販に顧客をシフトしている食品企業は業績が伸びている場合が多く、将来の成長余地も高い。

3……価格競争から脱却する構造転換をどう進めるか

(1) 量販店が主導する不毛な価格競争

食品企業は、熾烈な価格競争にさらされている。その中にあって、新興国での需要拡大による原材料の高騰をはじめ、消費税率引き上げ、包材費・物流費アップなどコストが上がり続けている。加えて影響が大きいのが、供給コストの増大である。

世界的な天候異変、異常気象の常態化が、穀物・魚介類・畜肉・野菜などの生産減少・枯渇という供給量の減少を生んでいる。一方、世界の人口爆発による飛躍的な需要増大は、需要と供給のバランスを崩し、深刻な供給不足を招きつつある。これがすべての食品企業にとってコストアップ環境となっている。

コスト上昇はそのまま収益を圧迫する。よって、収益モデルの構造転換は待ったなしの状態である。

例えば食品メーカーは、チャネルの選択において、市販品の量販店ルートを中心に設定し、売上げを構築してきた。自社ブランドを消費者に販売する最もオーソドックスな形であるが、近年は価格主導権を量販店に奪われ、原材料などのコストアップが厳しさを増す中で、市販品の収益がますます低下している。

消費が拡大していく高度経済成長期とともに伸びてきた量販店は、バイイングパワーによって「良いものをより安く」という事業価値を発揮し、消費者の財布を握ってきた。しかし、近年の消費市場そのものの停滞・衰退により、優勝劣敗の不毛な価格競争を自ら巻き起こし、量販店自体が収益性の低下、ひいては赤字転落に陥るという企業体質の悪化を招いている。

そのため量販店を得意先とする食品メーカーにコストダウンの矛先が向き、厳しい取引条件を突き付けられているのが現状だ。それを甘んじて受け入れたことで、今ではすっかり疲弊してしまった企業は多い。もはや量販店は、「できれば付き合いたくない」得意先になっているといっていい。

そこで、従来の量販店チャネルをどうするかが問題となる。市販品であれば、直販チャネルや百貨店、「高質スーパー」と呼ばれる高価格量販店などを開拓していく、あるいは他の食品メーカーや外食産業という業務品チャネルをターゲットにしていくといった転換が求められることになる。

新たなチャネルを開拓する際には、自社の強い商品を提案していく必要がある。その強さ（ブ

【図表1】商品のブランド力指標（食品メーカー）

ブランド力	粗利益率 (標準原価に取引条件を加味した正味粗利益)
強い	60%以上
普通	30〜60%未満
弱い	30%未満

ランド力）は、商品の粗利益率に表れる（**【図表1】**）。ブランド力と、粗利益率の高さはイコールの関係にある。強いブランド力を持つ自社商品を、新たなチャネルやマーケットに向け、カスタマイズして提案していくことが大切だ。

（2）見込めない内需拡大

一方、食品ビジネスにおける国内最終消費は、人口・世帯数の減少などにより長期衰退マーケットとなっている。半面、コンビニエンスストアや食品スーパーの全国店舗展開、またスマートフォンの普及に伴うインターネット通販の浸透など、〝売り場〟（チャネル）は拡大している。こうした売り場の拡大は食品企業にとってチャンスであると同時に、自社が収益源としてきた旧来の売り場自体が消滅するリスクもはらんでいる。

既存の商品を、既存のマーケットに、既存のビジネスモデルで売り続けていては、過去の延長線上から抜け出せない。前述したように、国内の食品市場はピークアウトを迎えており、内需拡大は見込みにくい。内需拡大が見込めない中にあって、食品企業が生き残るポイントを整理すると、次の三点となる。

①新興国市場、高齢者向け介護食、ペットフードなど、今後伸びるマーケットをどのように探していくか

②現在伸びているマーケットに対し、従来のビジネスモデルを組み直して、新たな業態を生み出せるか

③既存市場・顧客に対するシェア、ストアカバレッジ、インストアシェアをどう上げるか

国内最終消費の漸減傾向とともに、価格競争は激化している。しかし、依然として高所得者層は存在し、中間層もちょっとしたぜいたくを楽しむ選択消費をしている。付加価値のある商品を提案できれば、まだまだ大きく奥深いマーケットが存在しているといえる。自社がそのマーケットを見つけ、そこに進む構造転換ができるかどうかが、自社存続の分岐点である。

食品・飲料の市場縮小は、あらゆる食品企業に共通する試練だ。市場の縮小にあらがって自らの成長を実現するか、成長しなくても存続できる条件を構築するか。変化は偶然ではなく必然であり、変化できなければ死も同然である。勝てる場の発見と、勝てる条件づくりを事業戦

略として組み上げ、自社の強みを磨き、顧客を探して絞り込み、新たな市場を創造する。そこに向けてヒト・モノ・カネの集中投下を判断し、実行する。

このように〝変化〟を経営することが今、食品企業に求められているのだ。

（3）変化を経営するための条件

タナベ経営は、企業が未来に向けて持続的成長を果たすための条件として、「顧客価値において一番の会社であるべきだ」と考えている。そして、その経営コンセプトを「ファーストコールカンパニー」と定義し、「一〇〇年先も一番に選ばれる会社」と翻訳した。

これを実現するため、企業が持つべき特性について、次の四点を挙げている。

①顧客価値のあくなき追求―顧客価値を見つめる謙虚さと強みを磨く経営―
②ナンバーワンブランド事業の創造―ブランド事業を生み出すナンバーワン戦略モデル―
③強い企業体力への意志―経常利益率一〇％と実質無借金経営の財務体質―
④自由闊達に開発する組織―自己変革できるチームと開発力を発揮する組織―

なお、本来であればこれにもう一つ、「事業承継の経営技術―志を次代へ承継する一〇〇年経営――」を加えなければならないのだが、詳細を述べるにはかなりの説明が必要で、一〇年以上もの長い準備期間を要するため、本書ではあえて触れていない。

また、本書では経営者自身が持つべき特長として、次の三点を挙げている。

■高い志・使命（MUST）
■実現の可能性や目標（CAN）
■高みを目指す夢や希望（WANT）

いずれにせよ、多くの企業の現場でコンサルティングしてきた臨床研究から考察すると、ファーストコールカンパニーは少なくともこれら四つの特性と三つの特長を備えている。食品ビジネスにおけるファーストコールカンパニーの実現に向け、これから述べる事例や知見から多くの学びを得、変化を経営することに挑んでいただきたい。

（4）本書の構成

本書の構成は【図表2】の通りである。食品ビジネスにおいて、解決すべき事項を「問題」、解決のために実行すべき事項を「課題」、実行する上で目指すべき事項を「命題」として整理し、

【図表2】食品ビジネスにおける問題・課題・命題

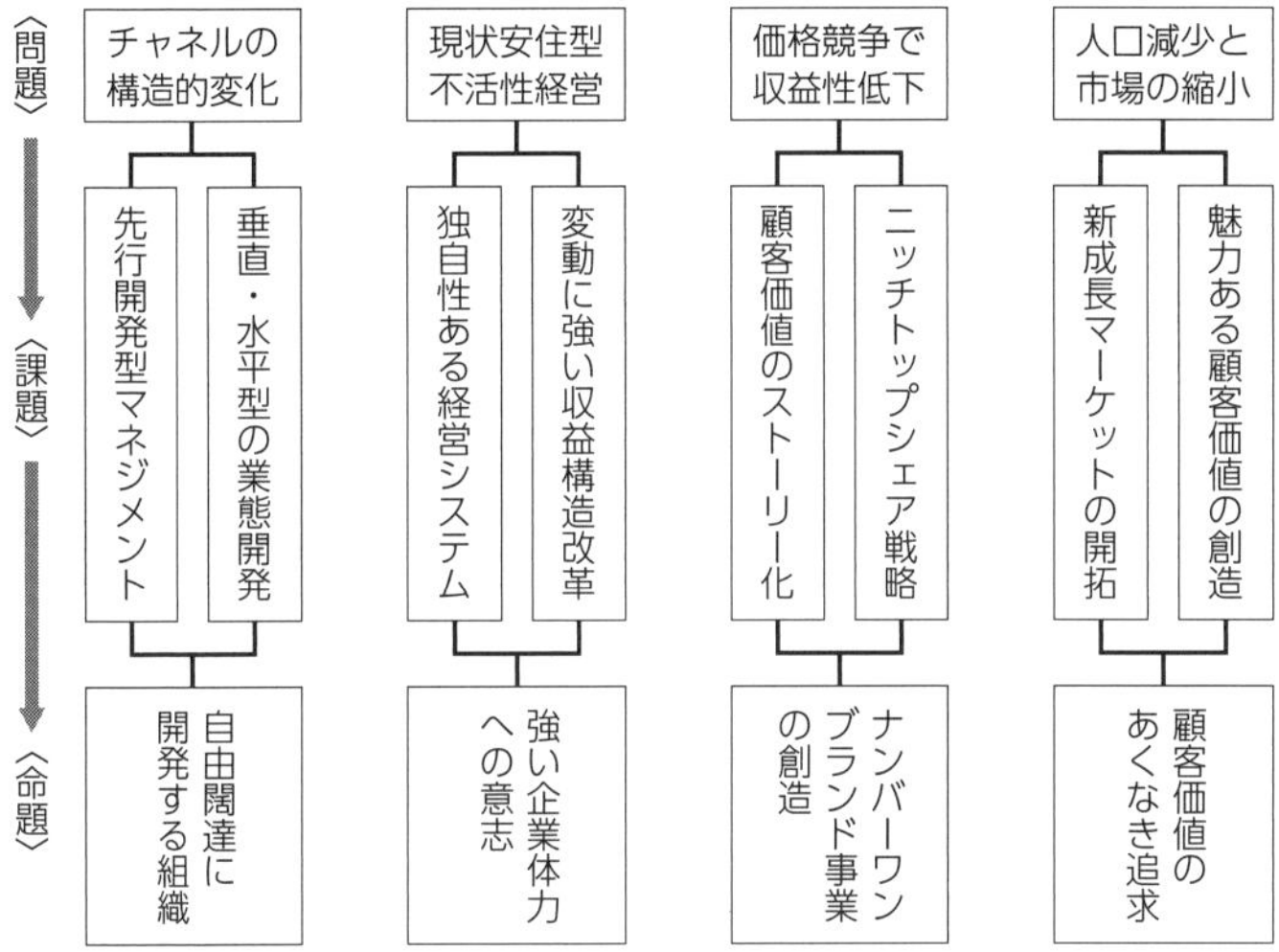

それぞれについて述べていく。

問題については、前述した市場環境を受けて、大きく四つの切り口に分けた。まず第一の問題は、「人口減少と市場の縮小」である。食品ビジネスは〝胃袋産業〟とも呼ばれるように、人の胃袋の数が売上げに直結する。「胃袋の数＝人口」であるが、その人口は少子高齢化で長期的に減っていく。一日三食の人が、これから四食、五食と増やすことは考えられない。すなわち、マーケットサイズが縮小していく。ある意味で、胃袋という名のいすを奪い合う「いす取りゲーム」がすでに始まっているわけである。

第二の問題は、「価格競争で収益性低下」である。バブル崩壊以降、日本は長期的なデフレ経済に陥り、消費者は安く買うことに慣れてしまった。二〇一四(平成二六)年の消費税率引き上げ、また円安による輸入物価の上昇などにより、最近(二〇一五年現在)はインフレ傾向に向かっているが、これが消費者の低価格志向をさらに強めている。また、量販店を中心に熾烈な価格競争が続いている。国際市況や為替相場の影響で輸入原材料の仕入れ価格が上昇しても、それを販売価格に転嫁させることは容易でなく、食品関連企業の多くは低収益に悩まされている。

第三の問題は、「現状安住型不活性経営」である。食品業界は一般的に、「景気の影響を受けにくい」「不況に強い」といわれる。食品は人間にとって必需品であるため、他の産業に比べて景気変動の落ち込みが比較的小さい。それだけに、横並び体質、前例踏襲主義、業界常識への執着といった傾向が強く、現状を否定する、あるいは従来のやり方を改めるといったことに踏み込めない企業が多い。そのため、改革・改善への打つ手が遅れ、財務基盤の脆弱《ぜいじゃく》化、経営資源(ヒト・モノ・カネ)の陳腐化に陥りやすい。

第四の問題は、「チャネルの構造的変化」である。従来、食品マーケットにおける代表的な流通チャネルといえば、生産者⇒加工メーカー⇒卸売⇒小売店・飲食店というものであったが、近年は生産者や小売店による産直(産地直送)、加工品メーカーや卸売会社がインターネット通販を行う直販(直接販売)、小売店や飲食店が農家・漁港と契約する直取(直接取引)、農産・水産・畜産の生産者が生産・加工・販売まで一貫して手掛ける六次産業化など、チャネル構造の多様化が著しい。この構造転換に伴い、思いもよらない異業種企業の参入による競合激化、既存得意先の喪失、主力商品の陳腐化、〝中抜き〟（中間流通の省略）の加速など、さまざまなリスクが生じている。

こうした四つの問題に対し、筆者はそれぞれで目指すべき方向性（命題）として、前述したファーストコールカンパニーが持つべき四つの特性を設定し、第1章〜第4章に振り分けた。その上で、食品関連企業がアゲンストの経営環境を打ち破り、顧客から一番に選ばれるために何をすべきかという視点に立ち、各章で問題の解決に向けた課題を提示し、企業事例を挙げながら成長戦略のメソッドについて順を追って紹介していく。

また第5章では、食品ビジネスにおけるファーストコールカンパニーの成長戦略事例として、成長企業七社を紹介している。各社の成長戦略が、皆さまの一〇〇年経営の参考になれば幸いである。そして第6章では、「食品・フードサービス成長戦略研究会」に参加された成長企業三社の経営者にご登場をいただいた。筆者とのやりとりから、各社トップの食品事業に対する思い、ビジョン、そして成長過程における経営判断などを学んでいただければと考えている。

第1章

顧客価値のあくなき追求

1……魅力ある顧客価値の創造

「顧客は製品を買っているのではない。買っているのは、欲求の充足である。彼らにとっての価値である」
―P・F・ドラッカー『マネジメント』(ダイヤモンド社)―

(1) 短期間で激変した食の嗜好

「飽食の時代」――。一九八四(昭和五九)年に、こんな言葉が流行した。当時の日本経済は堅調な対米輸出に支えられ、国内景気は拡大局面にあった。ファストフードやコンビニエンスストアの大量出店・全国展開が本格化した時期であり、いつでも、どこでも、すぐにでも好きな食べ物が手に入るという、いわば〝満腹消費社会〟の幕開けを意味した。

同時に、日本人の食生活も大きく変化した。すなわち、国産を中心とした素材型の食品から、海外からの輸入原材料を前提とした加工食品が食卓の主役となった。米食からパン食へ、ガスコンロでの手料理から電子レンジの即席料理へ、内食から中食・外食へ――。生鮮三品を購入し、まな板・包丁・鍋で料理をつくり込む食事形態から、加工食品を購入して手軽に食事を楽しんだり、飲食店やケータリング（宅配）で食事をする生活スタイルが定着した。

しかし、そこからさらに三九年前の一九四五（昭和二〇）年はどうであったか。日本は深刻な食料難に直面した「飢餓国家」だった。日本は先の大戦で、空襲により都市住宅の三分の一が焼失し、工場設備や建物、家具・家財など実物資産の四分の一を失い（旧経済安定本部『太平洋戦争による我国の被害総合報告書』、一九四九年）、壊滅的な打撃を受けた。軍人・民間人の引き揚げによって失業者が大量に増え、インフレの急激な進行と凶作も重なり、銃後の耐乏生活を強いられた戦中以上に食料事情は悪化。都市圏を中心に餓死者が続出した。それから五〇年にも満たない間に、あたかも国籍が変わったかのように日本人の食事様式は一変したのである。

ところが経済が成熟化した現在、さらに日本人の食生活は変化した。厚生労働省『国民栄養調査』によると、二〇一三（平成二五）年度での日本人の栄養摂取量（一人一日当たり）は、年間平均で一八七三キロカロリー。しかし、終戦翌年の一九四六（昭和二一）年度は約一九〇三キロカロリーであった。現在の栄養摂取量は終戦当時を下回っているのだ。もちろん、現在の日本人の食生活がさらに貧しくなった、というわけではない。これは消費者の健康志向の高まりによる、食欲から〝食抑〟への嗜好変化が背景にある。

おそらく、日本ほど短期間のうちに食生活が激変した国は、世界的にも例がないだろう。食品・飲料に対する消費者ニーズは多様化し、お金さえ払えば、誰もが望んだものを食べ、飲むことができる。その一方で、自分に必要ではないと思うものは、どんなに品質の良いものでも口にしなくなった。さまざまな付加価値商品が市場にあふれる中、自らのライフスタイルや嗜好に即した商品を厳しい目で選別する消費者が増えている。もはや、従来の延長線上の商品価値を提供するだけでは、誰も振り向かないマーケットとなっているのだ。

(2) 六つの顧客価値

まず、顧客価値に挑み、デザインし、追求することについて述べていこう。「顧客価値」とは、顧客目線から見た価値のことをいう。食品ビジネスにおいて最も大事なことは、あくまで顧客が感じる価値を追求するということである。自社が「提供できている」と考える価値ではない。今の消費者が求めている顧客価値を探し出し、その中で自社の強みが発揮できるものは何かを考え、魅力ある顧客価値を創造・追求していくことが求められる。

では、今の消費者が求めている顧客価値とは何であろうか。

従来より、食品には三つの機能があるとされている。これを「食品の三次機能」と呼ぶ。具体的には、生命維持のための「一次機能（栄養機能）」、味覚などを楽しむという「二次機能（味覚機能）」、そして体調の調節や疾病予防などの「三次機能（体調調節機能）」である（消費者

【図表3】6つの顧客価値

①機能価値…健康増進、安全・安心、栄養補給、美容効果
②感性価値…カワイイ、懐かしい、面白い
③価格価値…お得感、節約、お値打ち
④時間価値…早（速）い・短い、タイミング、手間いらず
⑤希少価値…少ない、珍しい、手に入りにくい
⑥社会価値…エコ、エシカル、ソーシャル

庁『平成二六年版消費者白書』）。大きく分けてこの三つが、消費者が食品に求める価値であった。

だが、近年では前述したように食品に対する消費者の嗜好が多様化していることから、この三つの機能だけではニーズに応えることが難しくなっている。そこで筆者は、現在の消費者が食品関連企業に求めている価値として、次の六つの顧客価値があると定義する（**【図表3】**）。順に説明していこう。

①機能価値

機能価値とは、健康増進や安全・安心、栄養補給、美容効果など、食品・飲料を摂ることによって得られる効果、期待できる効用といった価値のことである。具体的には、次のようなものが挙げられる。

◆健康増進（ゼロ・ノン・オフ・レス、機能性成分など）

「脂質ゼロ」「ノンカフェイン」「カロリーオフ」「シュガーレス」

などの制限食品、また糖分の吸収速度を緩慢にさせる食物繊維といった、健康維持に関する価値である。現在、日本では「健康寿命」（健康上の問題がなく、介護を必要とせず日常生活が送れる生存期間）の延伸に注目が集まっており、そのため生活習慣病を予防するための機能性成分や、三白（白砂糖、精製塩、化学調味料）の過剰摂取を抑制する成分を含む食品へのニーズが高い。

特に、血圧・血中のコレステロールなどを正常に保つのを助ける、あるいは整腸に役立つといった特定の保健効果を国が認めた「特定保健用食品（トクホ）」市場が近年、拡大しているのは周知の通りだ。今やコーラやビールが健康をうたう時代となっている。

◆安全・安心（無農薬・無添加・無漂白、異物混入防止など）

消費者に安全・安心を提供するもの。具体的には、「特別栽培農産物」（農薬や化学肥料の使用回数や使用量を半減したもの、また使用しない農産物など）、「有機農産物」（農薬や化学肥料を原則使用せず、堆肥などによる土づくりを行った水田・畑で生産された農産物）をはじめ、国産や天然の原材料・食材を使用するなどである。

また、昨今は異物混入事件や食材表示偽装、消費期限切れ問題など食にまつわる不祥事が相次いでいることから、トレーサビリティーやＨＡＣＣＰ（ハサップ）の導入、ＩＳＯ認証取得など安全衛生対策に対するニーズも高まっている。

◆栄養補給（滋養強壮・ミネラル補給・疲労回復など）

不規則な食生活で不足しがちなビタミンやミネラルなど栄養素を補給するもの。特定成分が凝縮された錠剤・カプセルなどのサプリメント、滋養強壮などを目的とした指定医薬部外品の栄養ドリンクなどが代表例だ。この分野では、一日に必要な栄養素を摂取しにくい高齢者や患者が、栄養補給を目的に摂取する介護食・嚥下食《えんげしょく》・医療食・流動食などの市場が拡大している。必要な栄養素を摂取できない人に向け、その補給成分の機能を表示したものを「栄養機能食品」と呼ぶ。

また現在、食品の新たな表示制度である「機能性表示制度」（二〇一五年四月施行）に注目が集まっている。国の審査なしに食品の機能を容器包装に表示できるものだ。体のどの部位に効果があるかまでを記載できるため、食品業界ではトクホや栄養機能食品に続く第三の健康食品として、この機能性表示食品への期待感が高い。

◆美容効果（ビューティー・アンチエイジング・ダイエットなど）

美肌（シミ・シワの改善）の加齢防止や、代謝促進による痩身《そうしん》効果が期待できるといった、ビューティー・アンチエイジング・ダイエット機能である。

近年はコラーゲン、グルコサミン、コエンザイムQ10、プラセンタなどの成分が相次いで登場しており、これらを配合した食品・飲料市場が急激に拡大している。ユーザーは二〇～三〇代の働く若い女性層が中心だが、最近はメタボ（メタボリック・シンドローム）改善を目的とした中高年男性の利用も増加している。美容痩身食品は粉末状、粒状、カプセル、液体、ゼリー状など提供形態はさまざまで、商品の用途開発を幅広く行えるのが特徴である。

②感性価値

視覚・触覚などの感覚や、ワクワク・ドキドキさせるといった、人の感情に訴える価値である。人間は喜怒哀楽を表せる唯一の動物だ。感動・感激・感心という三感で、購買行動を起こすことが多い。感性価値としては、具体的には次のようなものが挙げられる。

◆カワイイ

現在、アニメやマンガ、ファッションなどを中心に「カワイイ」マーケットが活発である。食品業界においても、スイーツや菓子類などで特に若年層の女性をターゲットとした「カワイイ」ニーズが拡大しており、「お取り寄せ」需要やプレゼント・ギフト需要も高い。

かわいさを打ち出す対象は、パッケージデザイン、商品形状、トッピング、デコレーション、カラー、触感など多岐にわたる。この価値を訴求して成功した代表例が、中身は同じながら、パッケージデザインを〝カワイイ〟キャラクターに変更したことで大ヒットした『キャラメルコーン』（東ハト）である。

日本マクドナルドの創業者・藤田田氏は、「商売には究極のところターゲットは二つしかない」と述べた。それは「女性」と「口」を狙う商売だという（藤田田著『勝てば官軍』KKベストセラーズ）。考えてみれば、日本の総人口の男女比は男性四八・六％、女性五一・四％。女性の方が三四八万人多い（総務省統計局推計、二〇一四年一〇月一日現在）。「女性と口を狙え」との指摘は理にかなっており、カワイイ価値はその重要な訴求ポイントとなる。

◆懐かしい

幼い頃や青春時代を思い出させる、あるいは古里《ふるさと》やおふくろの味を想起させるなど、「懐かしさ」を訴求する価値である。

子どもの頃に小銭を握り締めて買いに走った、昔懐かしい駄菓子。数十年前にヒットした食品の復刻版や、昭和三〇年代のレトロな雰囲気を漂わせる飲食店――。こうしたノスタルジーが人気を呼んでいる。当時をリアルタイムに知る団塊の世代だけでなく、「昭和」を知らない平成生まれの若年世代からも支持を得ているという。懐かしくないはずなのに、なぜか懐かしい。自分の知らない古き良き時代に浸ってみたいという疑似体験ニーズが高まっている。

消費者が懐かしさを感じる時代は、狭いように思えて実は広い。「団塊ジュニア世代」（一九七〇年代生まれ）が消費の主役となった現在、つい最近のように感じられる九〇年代も「懐かしい」時代となっている。昭和三〇、四〇、五〇年代、そして平成初期。対象ターゲットも若年層、中高年層、そして高齢層と、幅広く訴求できる感性価値である。

◆面白い

人を楽しませたり、意外性を打ち出したり、笑ってしまいたくなるような商品。例えば、以前にブームとなった〝食べるラー油〟。ギョーザのタレであるラー油をご飯にかけて食べるという意外性が受けてヒットした。また『男前豆腐』のヒットで知られる男前豆腐店は、『風に吹かれて豆腐屋ジョニー』『おかんの豆腐』などのユニークな商品を次々と開発。豆腐業界では従来になかった「面白い」という価値を生み出して成長した。

今までにない食材の組み合わせ、ユニークなパッケージ、珍しい形状、異業種とのコラボレーションなど、既存商品・サービスを異なる視点で見直せば、意外な面白さがみえてくる。

③価格価値

価格による価値、というと単なる「低価格」だと思われるかもしれないが、ここでいう価格価値は〝安い〟というだけでなく、お得感や節約、お値打ちといった価値である。

◆お得感

消費者に「お買い得」を感じさせる商品。例えば、大容量パックやセット売りといったボリュームの打ち出し、一定量以上のまとめ買いに対する送料無料サービス、あるいは品質は確かだが、見た目が悪かったり規格外の商品、一部破損した商品などを〝訳あり品〟として廉価で提供するなどである。

また、居酒屋の「飲み放題プラン」、ランチバイキングやサラダバーといった「食べ放題」など、定額料金・制限時間内で好きなだけ飲食できる「放題サービス」がある。最近では焼き肉、すし、しゃぶしゃぶ、スイーツなど幅広い分野に広がりをみせており、外食産業では有望な成長業態として業界をけん引するまでになっている。

◆節約

消費者に無駄をさせないという価値である。事例としては、買いたい量を消費者自身で調整できる量り売り、食べ切れる量に小分けした少量パックなどがある。使用頻度が少なく保存に困る調味料や小麦粉、パン粉などを小分けにする。あるいは単身者や子どものいない高齢者世帯など、〝個食化〟や〝少食化〟に対応して食べ切れる量に抑えた惣菜などである。

また外食費を節約したいが、さりとてコンビニ弁当やケータリングに満足できない単身者の間で、「内食」（自宅で調理して食事を食べる）需要が高まっている。そのため、自宅で手軽に本格料理が楽しめる惣菜やレトルトパック、プロ仕様の調味料なども人気である。

◆お値打ち

値段は安くないが、それを上回る品質を打ち出すのが「お値打ち」である。最高級で新鮮な食材を提供するスーパー、一つ一つの具材が大きなレトルト商品、顧客の期待値を大きく上回るサービスをするレストラン、トラブルに対し迅速かつ丁寧なアフターサービスを行う食品機械メーカーなどである。

また、大学や公共団体の研究機関などに、自社商品の機能や品質について実証実験してもらい、その測定データや評価を価値として訴求する（アカデミック・マーケティングと呼ぶ）。第三者機関によるお墨付きを消費者に伝えることも、自社商品のお値打ち感を訴求する一つの手法である。

④時間価値

「早（速）い・短い」「タイミングが良い」「手間がかからない」など、時間的コストを感じさせない、または時間という切り口でメリットを打ち出す価値である。

◆早（速）い・短い

時間が早い、スピードが速い、待ち時間が短いといった価値である。即席麺やフリーズドライ、缶詰・レトルト食品、畑から直送の朝採り野菜や果物、注文～調理までの時間短縮による客席回転率アップ、調理済み惣菜や下処理加工済み食材などの「時短食品」、食品・食材を〝短時間・均一温度〟で解凍・殺菌・乾燥・加温・調理できる食品加工機械など、待ち時間や提供時間・食事の時間を減らすといったことである。

例えば小売業では、通勤客の朝食需要の取り込みや早起きの高齢者に対応した早朝開店を行う店が増えている。青果売り場ではその日の早朝に採れた地場野菜が並び、夕方になると惣菜売り場で「夕方〇時以降につくりました」と表示した商品が店頭に並ぶ。これらも「すぐに出す」という速さの価値を打ち出したものだ。

また、以前に「三〇分以内にお届けできなければ無料」をうたった宅配ピザがあったが、最近では注文受け付け後から「二〇分以内」に届けるという超短時間デリバリーサービスを行う弁当事業者も出てきている。

◆タイミング

消費者が食事・飲料を摂るのに最も適した時間帯に提供する、あるいは食品関連企業が食材調達・製品生産・食品提供において最適なタイミングを図るといった価値である。ベンジャミン・フランクリンの有名な格言に「タイム・イズ・マネー（時は金なり）」というものがあるが、こちらは〝タイミング・イズ・マネー（時機は金なり）〟ということだ。

朝専用の缶コーヒーや朝カレー、夜用スパイスなど、特定の時間帯に絞り込んだ商品。また、食材の旬や完熟の時期を捉えたベストなタイミングで収穫・製造・配送するといったことなどである。立地や商圏によって違いもあるが、朝は学生や女性会社員、昼間は主婦や高齢者、夜間は仕事帰りのサラリーマンなど、それぞれの時間帯で顧客層が異なる場合がある。そうした時間帯別のニーズを捉え、それぞれに適した価値やアプローチを打ち出していく。

例えば、ビジネス街の飲食店では、朝は喫茶店（モーニング）、昼は大衆食堂（ランチ）、夜は居酒屋（立ち飲み）というふうに、時間帯別で業態が三転する三毛作店が増えている。また温室栽培や養殖技術の進展による通年販売で食材の旬が不明確になった現在、逆に職人や生産者による目利きで季節の食材を提供する旬の価値も高まりをみせている。

◆手間いらず

単身者や共働き世帯の増加に伴い、調理・片付けや買い物などにかかる手間を減らしたいとのニーズが高まっている。そのため食品メーカーや小売店では、即食系商品の品ぞろえを強化する動きが顕著だ。この〝半手抜き〟を支援する食品を「MS（ミールソリューション、食事問題の解決）／HMR（ホーム・ミール・リプレースメント、家庭料理の代行）」と呼ぶ。

具体的には、「RTP」（レディー・トゥー・プリペアー、調理するための食材がセットされているもの）、「RTC」（レディー・トゥー・クック、肉・魚・野菜などをすぐに料理できるよう味付けや下ごしらえをしてある食品）、「RTH」（レディー・トゥー・ヒート、火通し済みで電子レンジなどで温めるとすぐ食べられる状態の食品）、「RTE」（レディー・トゥー・イート、すぐにそのまま食べられる食品）などがある。

例えば、包装袋に入れたままレンジで調理できる冷凍食品、下加工済み野菜と調味料をセットにした「料理キット」、食材や具材にかけるとおかずになる調味料などだ。また、こうした「手間を省く」という価値は消費者向けだけでなく、飲食店に厨房機器を提供するメーカーにも大きな付加価値となる。現在、外食業界では人手不足や労働環境の改善に対応するため、「コックレスキッチン」（料理人を必要としない厨房システム）の需要が高まっている。

⑤希少価値

おいしいのに足が早いため漁港周辺でしか流通していない希少魚、特定地域やその店でしか食べられない特産料理、収穫量が極めて少ない高級農産品や肉の希少部位といった、数が少なく珍しいというプレミア価値である。

◆少ない

市場になかなか出回らない食材、また生産量に限りがある食品などである。魚を例に挙げると、「未利用魚」が今、人気だ。未利用魚とは、魚体のサイズが不ぞろいであったり、漁獲量が少なくロットがまとまらないといったことから値が付かず、海上や漁港で廃棄されたり、非食用として低い価格で取引されている魚である。

従来は網にかかっても、「採算が合わない」「見た目が悪い」「世間に知られていない」などの理由で有効利用されていなかったが、最近は希少性をアピールしたり、調理方法を提案するといった創意工夫によって商品化し、新たなビジネスにつなげる企業が増えている。

または、非常に手間がかかり大量生産できない、職人が少ない、原材料がいつ手に入るか分からないなどの理由で、販売個数や販売期間を限定する〝幻の○○〟商品も人気である。もっとも、こうした商品は「なぜ少ないか」という理由を明確にする必要がある。

◆珍しい

以前から一部の地域、特定の人々に存在は知られていたが、全国的にはその名が知られていない商品。あるいは以前によく食べ、飲まれていたが、現在ではすっかり廃れてしまった商品。また誰もが知っている食材だが、誰も食べたことのない部位を使った商品などである。

この最たる例としては、全国的にブームとなっている「B級グルメ」が挙げられる。どんな地方でも独特の家庭料理や食文化が存在するが、そうしたものを発掘し、全国に発信していく。現在、地場産食材など地域資源の活用に注目が集まっており、〝地方〟や〝地場〟がキーワードとなっている。

また、「アカモク」という、どこの海にもある海藻がある。漁船のスクリューや魚網に絡むことから、漁業関係者の間で〝ジャマモク〟と呼ばれる厄介者だった。だがアカモクを調べてみると、ワカメやヒジキよりミネラル分が豊富であることが分かり、これを食材として特産品化する動きが全国各地で進んでいる。どこにでもあるが、食材として利用価値がなかったものを食品として商品開発につなげれば、珍しい価値となる。

◆手に入りにくい

手に入れたくても、入手が困難な農畜産物や水産物などである。入手困難な食材のみを扱う専門店、牛一頭やマグロ一匹からわずかな量しか取れない希少部位、人気が高く手に入るまでに長い期間を要する日本酒、「お取り寄せ商品」のインターネット通販などが挙げられる。

また、一般家庭では手に入りにくいプロが使う業務用食材、海外や離島ではよく知られた食材・食品でありながら国内に販路が存在しないもの、あるいはその逆で海外に居住する日本人の間では需要が高いのに、現地での販路がないといったものもある。

市場規模が拡大しつつある「ハラール食品」も、「手に入りにくい価値」を生み出している例といえる。ハラール食品とは、イスラム教の戒律で摂取が禁じられている豚肉やアルコールを原材料として使用しない、あるいは製造工程や保管・流通過程でそれらと接触していないことが認定されたものをいう。現在、日本にはイスラム圏からの観光客が急増しているが、日本ではハラールに対応した食事を摂ることが難しかった。だが、国内で認証機関が創設され、宗教食への認知度も進みつつあり、認証を取得する商品が広がりをみせている。

⑥社会価値

地球温暖化により、環境保護を重視する消費者意識がますます高まっている。また、消費活動を通じて途上国の恵まれない子どもたちや被災地の支援を行うなど、社会貢献を果たそうという動きも強まっている。こうした環境保護・社会貢献という価値を打ち出すものである。

◆エコ

「製造・流通・消費・廃棄において環境負荷が少ない」「リユース・リサイクルが可能な包装材を用いる」「食品残渣《ざんさ》（食品製造や調理の工程で発生する副産物、食べ残し、期限切れ食品や規格外農産物など）を原料とした飼料を使った農畜産物」など、何らかの形で環境保全に貢献している食品・飲料商品である。

例えば、水や農薬・エネルギーの使用量が少ない「自然栽培農法」、太陽光発電と燃料電池で全電力を賄う「植物（野菜）工場」に取り組む企業が最近増えている。また、九州のある酒造会社は、焼酎造りの際に出る「焼酎カス」の処分に困っていた。そこで厄介者の焼酎カスを麹菌で発酵させてみると、良質な家畜飼料になった。この飼料は値段も安く、使えば質の良い肉になるとの評判を呼び、家畜業者の間でヒットした。

注目されるキーワードとしては、「生物多様性」への配慮がある。大手スーパーのイオンは、〝海のエコラベル〟と呼ばれる「MSC認証」（海洋管理協議会）、その養殖版である「ASC認証」（水産養殖管理協議会）を取得した水産物を展開している。MSC認証は、限られた水産資源や海洋環境を守るため、適切な漁獲量や漁期を定めたり、他の生物がかかりにくい漁具を使うなど持続可能な漁法に配慮して水揚げされた水産物の証し。ASC認証は、適切な資源管理に基づいた養殖場のいけすで育てられた水産物の証しである。同社は魚介類の乱獲による枯渇防止や、廃棄物による海洋汚染の防止という、新たな商品選択価値を提案している。

◆エシカル

昨今、「エシカル消費」の意識が高まりつつある。〝エシカル〟とは「倫理的」や「道徳的」を意味する言葉で、倫理的に正しく製造された商品を積極的に購入し、道徳に反したものを買わないという消費活動をする価値観である。

例えば、「フェアトレード」商品というものがある。フェアトレードとは、発展途上国の手工芸品や農産物を〝公正な価格〟で取引し、現地の企業や農場の地主などから不当な搾取を受けている人々の経済的・社会的な自立を支援する運動のこと。つまり児童労働や人権侵害によって利益を上げている企業の商品・サービスを購入せず、途上国への寄付や支援付きの商品などを積極的に継続購入、消費するといった考え方だ。

フェアトレード商品は、原料生産、輸出入、加工を経て完成品になる全過程で「国際フェアトレードラベル機構」の定めた基準が守られていることを証明するラベルが付いたもの。同機構が二〇一四（平成二六）年九月にまとめた年次リポートによると、二〇一三年の世界のフェアトレード認証製品市場は五五億ユーロ（約七一一五億円、対前年比一五％増）。このうち日本市場は約九〇億円（対前年比二三％増）。規模はまだ小さいが、コーヒー・紅茶・カカオなどの市場で新規企業の参入や既存企業の商品拡充が続き、堅調に拡大しているという。

また商品を購入すると、一定金額が慈善団体や自然保護団体、地雷・クラスター爆弾除去支援団体への募金として寄付される寄付金付き商品も、よく見られるようになっている。

◆ソーシャル

社会問題の解決を目的としたビジネスを「ソーシャル・ビジネス」と呼ぶ。前述のエコやエシカルは商品に比重を置いて訴求するものだが、ここでいうソーシャルな価値とは、自社の事業そのもので社会的課題を解決する価値を打ち出すものである。

そもそも企業の価値は、各社が持つ経営理念や使命感、ミッションといった存在意義に本質がある。法人市民としての企業が「世の中にあってよかった」「なくては困る」という理由を持つことが、世に存在を許される価値、すなわち社会価値となる。特に食品企業は、人の生命を直接的につかさどる極めて重要な役割を担う。それだけに、ソーシャル・ビジネスはすべての食品関連企業に求められる価値といえる。

例えば、有機国産農産物や無添加の自然食品などを扱う会員制宅配会社のA社は、食品の本来の姿を追求して厳しい基準を順守することを事業使命としており、その果たすべき使命として、「日本の第一次産業を守り育てること」「人々の健康と生命を守ること」「持続可能な社会を創ること」と明確に表明している。さらに、自然環境保護や食文化育成など社会貢献活動を推進するなどして多くの共感者や賛同者を広げており、潜在マーケットであった有機農産物やオーガニック商品を提供する信頼のおける会社として、消費者の支持を集めている。

以上、「機能価値」「感性価値」「価格価値」「時間価値」「希少価値」「社会価値」という六つの顧客価値について述べてきた。単独で価値を出していくより、いずれか二つ以上の価値を自社の強みと組み合わせていくことが望ましい。

2……新成長マーケットの開拓

「障子をあけてみよ、外は広いぞ」―豊田佐吉―

(1) 縮む国内市場――人の口が減っていく

「二〇五〇年問題」をご存じだろうか。日本の総人口が現在の約一億二七〇〇万人から、二〇五〇年には九五一五万人まで減少し、六五歳以上の高齢者の占める割合が約四〇％に達し、さらに六割以上の居住地点で人口が半分以下となり、過疎化が進んで居住地の二割が無人化するというものである（国土交通省『「国土の長期展望」中間とりまとめ』、二〇一一年二月二一日）。

今後、日本の人口は長期的に減少する。文字通り〝人の口〟が減っていく。しかもそのスピードは急である。二〇二六（平成三八）年に一億二〇〇〇万人を下回った後も減少を続け、二〇四八（平成六〇）年には一億人を割り込み、二〇八三（平成九五）年には半分以下（六三一七万人）となる。そして二一〇五（平成一一七）年には、ついに五千万人を割る（四六一〇万人）との予測が出ている。これは一九〇四（明治三七）年当時の人口規模（約四六一四万人）である。今後九〇年間をかけて、日本は明治時代後期の水準に戻っていくわけだ。この変化は、日本の歴史を一〇〇〇年単位で見ても例がない、極めて急激な減少である。

（2）成長事業モデルの進化で新市場創出・新分野開拓

国内人口の減少は、消費者が減るということであり、食品関連企業にとっては既存市場の縮小を意味する。したがって、従来の〝市場〟にとどまり続けるとジリ貧である。だが、人口減少は必ずしも企業成長を阻害する要因とはならない。消費者の潜在需要を掘り起こし、新たな切り口でマーケットを捉え直してビジネスモデルを再構築することで、新たな成長市場や分野

【図表4】成長事業モデルの構造

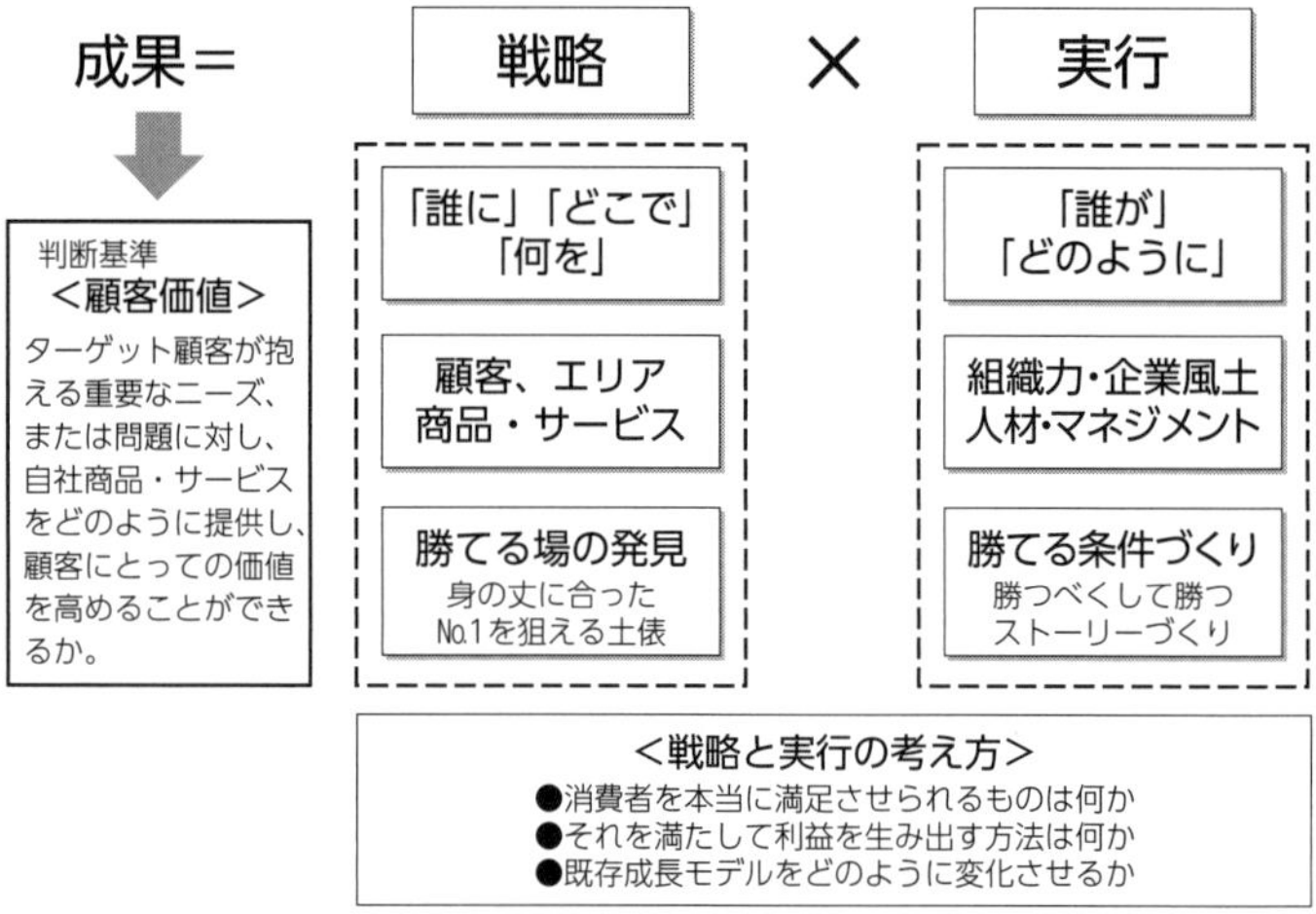
成果＝
戦略
×
実行
判断基準
＜顧客価値＞
ターゲット顧客が抱える重要なニーズ、または問題に対し、自社商品・サービスをどのように提供し、顧客にとっての価値を高めることができるか。
「誰に」「どこで」「何を」
顧客、エリア
商品・サービス
勝てる場の発見
身の丈に合ったNo.1を狙える土俵
「誰が」「どのように」
組織力・企業風土
人材・マネジメント
勝てる条件づくり
勝つべくして勝つストーリーづくり
＜戦略と実行の考え方＞
●消費者を本当に満足させられるものは何か
●それを満たして利益を生み出す方法は何か
●既存成長モデルをどのように変化させるか

を創出・開拓することができる。具体的には、顧客の視点から価値を開発し、それを実現するために自社の事業構造モデルの転換を図っていくという、いわば「マーケットアウト（顧客視点で真のニーズをつかみ、顧客価値の最大化を目指す）・プロダクトイン（顧客価値に基づいた商品・サービスをつくり込む）」のアプローチが必要である。この新市場創出・新分野開拓のための事業モデル開発は、顧客が困ってる、悩んでいる、不満に思っている、不便を感じていることを見つけ、その解決を図る価値開発が出発点となる。

　事業モデルとは、「勝てる場の発見」と「勝てる条件づくり」の構築をいう。そして目指すべき成果は、顧客価値（お客さまにとっての価値）である。その成果は「戦略」「実行」

の積によって生み出される。戦略とは「誰に」（顧客）、「どこで」（エリア）、「何を」（商品・サービス）提供するか。つまり、ターゲットと商品を再設定し、「勝てる場の発見」を行うことである。そして、その戦略に基づいて持てる経営資源を最適投入するために、「誰が」「どのように」行うのかという実行計画を策定し、日常で推進していく。これが「勝てる条件づくり」の設計である（**【図表4】**）。

コンビニエンスストアを例に挙げる。コンビニは「単身・二人世帯、高齢者」に（誰に）向けて、「歩いてすぐに行ける距離」で（どこで）、「鮮度が高く品質の確かな商品」を（何を）、「フランチャイズ（FC）オーナーとアルバイトスタッフ」が（誰が）、「二四時間・年中無休」（どのように）で提供している。すなわち、スーパーマーケットの中心客層（家族世帯）ではなかった単身男女層・高齢者・学生などに対し、鮮度の高い品ぞろえを小商圏・多店舗で展開することで「勝てる場」をつくり出し、FC制による低コストのオペレーションや多頻度・小口配送の単品管理（無在庫化）、二四時間営業という「勝てる条件」を構築した結果、スーパーに不便を感じていた層に対し、欲しい商品をいつでもどこでも買えるという顧客価値が受け入れられたのである。

自社の事業モデルの進化・再構築を進める上で、重要な着眼点は次の二点である。

①自社の既存成長モデルは今後もモデルたり得るか

業種や業態、規模における事業モデルに「絶対の正解」はない。しかし、多くの食品関連企業を見ると、それぞれ多様なビジネスを展開しているものの、自社の事業モデルを明確に意識して設計している企業は少ない。一方、「自社の成長事業モデルとは何か」について意思を持って構築している企業の業績は総じて良い。

成長とは、現状の自社を取り巻く経営環境において、マーケットや顧客をターゲティングし、自社の強みをぶつけることで、顧客価値を発揮し続けることだと定義できる。したがって現在の自社の成長モデルは、今後も「成長モデルであり続けるか」を自問自答し、現状のモデルについて「勝てる場の発見」と「勝てる条件づくり」という視点で点検していただきたい。

②現在の本業は今後も強みであり続けるか

「本業」とは、自社の利益の大半を稼ぎ出す事業を指す。すなわち、顧客やターゲットとするマーケットに対し、自社の強みが発揮できていることで成り立っている事業が本業である。ただ、企業は時代や環境変化によって事業の強みを失っていく。同じ事業形態で永遠の発展はない。だからこそ「現在の本業は今後とも強みであり続けるか」と問い掛けなければならない。さらにいえば、自らの手で、自らを陳腐化させることが必要である。さもなければ、時代から強制的に陳腐化させられよう。

（3）世界の食市場を獲得する「FBI戦略」

日本の人口は減っていく。だが、海外の人口は増えていく。世界の人口は二〇一五年で約七三・三億人（推計値）。一九六五年（約三三・三億人）から五〇年間で約二倍も増えている。そして二〇五〇年には九五・五億人と予測され（総務省統計局『世界の統計二〇一五』）、二〇六〇年代中に一〇〇億人の大台を突破することが確実視されている。このうち半分以上を占めるのがアジアであり、二〇一五年の四三・九億人から二〇五〇年には五一・六億人となり、一九八七年当時の世界人口に匹敵する規模にまで拡大する。

日本の人口は長期的に漸減し、国内の顧客が減っていくのだから、経営を維持するには当然、「国外の顧客」に接近していかざるを得ない。したがって食品関連企業は、製造、卸・小売と業種にかかわらず、世界的視野で顧客価値を捉え、追求していく必要がある。

現在、世界の食（加工・外食）の市場規模は三四〇兆円とされ、二〇二〇年には六八〇兆円まで倍増するという（農林水産省『日本食・食文化の海外普及について』、二〇一四年九月）。特に中国・インドを含むアジア全体では、市場規模は二〇〇九年の八二兆円から、二〇二〇年には二二九兆円と約三倍に増加するとの見通しだ。

今、世界は日本食ブームである。二〇一三年末に「和食」がユネスコ（国連教育科学文化機関）無形文化遺産に登録され、世界各国で日本食レストランが続々と開店し、それに伴い日本の農林水産物や食品の輸出が伸びている。二〇一四年の農林水産物・食品の輸出実績（速報値）は前年比一一・一％増の六一一七億円と初めて六〇〇〇億円台を突破し、過去最高となった。

最近は食品関連企業の間で、世界市場を志向する動きが強まっている。ジェトロ（日本貿易振興機構）がまとめた調査結果（『農林水産物・食品関連企業への輸出に関するアンケート調査』、二〇一五年三月）によると、農林水産物・食品関連企業（四四二社）のうち「輸出戦略を重視している」との回答割合が八一・九％に達しており、その理由として「国内市場が縮小し、海外販路開拓が不可欠となったため」（六九・六％）が最も多い。

政府は東京オリンピック開催年の二〇二〇年をめどに農林水産物輸出額一兆円を目標としている。その戦略として「Ｍａｄｅ　ＦＲＯＭ　Ｊａｐａｎ」（メード・フロム・ジャパン、世界の料理界で日本食材の活用推進）、「Ｍａｄｅ　ＢＹ　Ｊａｐａｎ」（メード・バイ・ジャパン、日本の食文化・食産業の海外展開）、「Ｍａｄｅ　ＩＮ　Ｊａｐａｎ」（メード・イン・ジャパン、日本の農林水産物・食品の輸出）という〝ＦＢＩ戦略〟を推進している。具体的には、海外のレストランやシェフに日本産食材を提案する、アジア・北米圏を中心に食品工場や飲食店を開設する、また海外で日本食のノウハウ（人材育成、品質管理、調理方法）を提供する、あるいは国別に需要が高い食材・食品を輸出する、といった取り組みが考えられる。

海外市場の大きな魅力は、どこで何がどう転ぶかが分からないというチャンスの豊富さにある。例えば、ハウス食品と森永乳業は一九八〇年代、豆腐を売り込むため米国市場に進出した。だが、両社は初めから成功の目算があって進出したわけではない。当時の米国で豆腐といえば「嫌いな食べ物ナンバーワン」であり、家畜のエサとしか見られていなかった。それでも進出した理由は、大企業による中小企業分野への参入を規制する「中小企業分野調整法」（中小企業の事業活動の機会の確保のための大企業者の事業活動の調整に関する法律）の制約があり、日本国内で豆腐の販売拡大が難しいというやむにやまれぬ事情からだった。

とはいえ、両社は日本でこそブランドだが、米国ではノーブランドである。商品の需要もなく、しかも嫌いな人に売るという「需要なし、知名度なし、見込みなし」の中、両社は試行錯誤を繰り返しながら流通ルートを確保し、商品改良を重ね、今や全米中のスーパーで扱われるまでになっている。

現在は、日本で社員を募集すると外国人が面接にやって来るという「間仕切りなき時代」である。国内にとどまろうが海外に出ていこうが、グローバル経済の流れにあらがうことは難しい。ビジネスの世界において「海外」とは、統計上と地図上での区別にすぎない。中小企業であっても、「海外でいかにつくるか（現地生産）、海外で何を買うか（原材料調達）、海外でどう売るか（販売チャネル）」を検討し、海外に工場や店舗を開設する、また海外企業と提携するなど、世界市場を自社に取り込むために行動を起こすことが求められる。

（4）「海外市場」五つの着眼

海外への輸出・進出に取り組むに当たって、現地市場における顧客価値の把握、また食材の仕入れ開発は、定点観察すべきテーマである。

筆者は二〇一二〜一三年にかけ、食品関連企業経営者とともに海外マーケットの現状を把握するため欧州を訪れた。隔年で開催されている世界最大級の国際食品総合見本市「ＳＩＡＬ（シアル）」（フランス・パリ）や「Ａｎｕｇａ（アヌーガ）」（ドイツ・ケルン）をはじめ、イタリア（フィレンツェ）、ベルギーなど各国の食品関連の優秀企業を視察した。特にシアル、アヌーガは、世界の食品関連企業やバイヤーなど関係者が一堂に会するほか、デザインやパッケージ、カラー、意匠など配慮の行き届いた商品が数多く出品されるため、海外マーケットを知る上で視察・出展は有効な手段となる。これらの視察から得た知見をもとに、海外食品マーケットを攻略する着眼について五点述べたい。

①「日本産」の打ち出し

一点目は、際立った商品の提案や企業の特長といった強みが必要になるということだ。そこで海外市場においては、日本食・日本料理を日本の文化とともに展開したい。つまり「ニッポン」を強く打ち出したアプローチを行うと有効である。例えば、パリのオペラ地区にある世界で最も古い高級紅茶専門店「マリアージュフレール」では、緑茶の玉露を「一〇〇g当たり五四〇〇円」という価格で販売している。商品の本物価値をつくり込み、「ニッポン」を打ち出せば高価格でも受け入れられるのである。

②オーソドックスなチャネル政策

二点目は、流通経路（チャネル）をオーソドックスに押さえることだ。例えば、フランスやイタリアでは、百貨店・スーパーなどのチャネルを押さえている商社やディストリビューターとの商談を進めることにより、口座開設を狙いたい。業務品の場合、現地でネームバリューがあり、影響力を持つシェフに使ってもらえるとブランディングがしやすい。また現地の食品メーカーのＯＥＭで参入するといったことも考えられる。市販品の流通に対しては、ＰＢ（プライベートブランド）から入る。

③具体的な特長づくり

三点目は、素材・加工品ともに具体的な特長を把握し、どのように自社の価値をつくり込むかを押さえることだ。例えば、フィレンツェのオリーブオイル工場「プルネッティ社」は一〇～一二月の各月で収穫・搾油した商品特性の違いを打ち出し、それぞれで料理への使い方を提案している。これを可能にしているのは、オリーブの収穫時期を見極める技術と、収穫から四時間以内の精油加工による品質の高さである。またパスタ工場の「ファブリ社」は、遺伝子組み換え大麦と原種の大麦から取れるグルテンの違いが、子どもの消化不良や糖尿病への誘因になると仮説を立て、病院と連携して研究を進め、付加価値の高い商品づくりを展開。原種の大麦という本来の素材の良さに回帰し、グルテンの本物価値を創出している。

④安全・安心の追求

四点目は、食の安全・安心を重視するということである。二〇一三年、英国で牛肉加工食品に馬肉が混入する事件が発生し、欧州全土を巻き込む不祥事に発展して以降、日本と同様に欧州でも食の安全・安心に対する消費者の意識は強い。そのため「ビオ（ＢＩＯ）食品」（無農薬農産物やそれを飼料とした家畜・魚、有機加工食品）の存在感が高まっている。

例えば、ドイツの「シュタウテンホフ」は、育種から取り組んだ豚・鶏・羊を肥育し、精肉・

加工肉や卵を直販・卸売するエコ農場である。以前は牛の飼育を行っていたが、有機農法による養豚に切り替えた。農場に屠畜場を持ち、精肉や加工品にする一貫体制で消費者に安全・安心な商品を提供している。

同農場では、消費者が自由に豚舎を訪れて、何を食べさせているかを確認できる。ドイツでは近年、BSE（牛海綿状脳症）パニックやニトロフェン騒動（発ガン性のある除草剤ニトロフェンが有機飼料用穀物から高濃度で検出され、同飼料を使った鶏肉・卵がドイツ国内で一斉回収された）などスキャンダルが相次いだため、消費者は食肉への不信感を持っており、農場・畜舎で何を与えているか、安全・安心を自分の目で確認しようとする。大手農場は肥育状況を消費者に見せないが、同農場では見学が自由であり、ショールームの役割を果たしている。こうした食の安全・安心ニーズは、欧州だけでなく世界共通のニーズとなりつつあり、厳格な品質管理基準を強みとする日本の食品企業にとってはビジネスチャンスにつながる。

⑤伝統とこだわり

五点目は、伝統とこだわりである。ベルギーを代表するチョコレートブランドの一つ、「プラネット・ショコラ」は一九一〇年代の創業以来、常に斬新なレシピを考案し、ブリュッセル市民から高い評価を得ている。ブリュッセル中心部にある大広場「グランプラス」にある同社の店舗ではチョコレートづくりの実演を行っており、職人の技術と創造性を融合させ高級品のポジションを得るに至った。

また、一八七一年創業でベルギー三位のビール醸造メーカー「デュベル・モルトガット」は、ピルスナービール市場の大幅縮小を受け、近年は多ブランド化によるグローバル戦略を推進して輸出比率を急速に高めている。通常、ピルスナービールの醸造期間は六日間だが、同社は九〇日間という長期熟成による品質づくりが特長である。

日本国内だけを見ていると、食品関連マーケットは閉塞感が漂っている。しかし世界に目を移せば多様性にあふれている。新たな付加価値、顧客価値を多く見いだせるのである。食品のビジネスチャンスは、大海原のように広がっていることを認識していただきたい。商売とは、顧客（需要）に接近することである。「顧客はここ（日本）にしかいない」という発想ではダメだ。「顧客はどこにでもいる」のである。

第 2 章

ナンバーワンブランド事業の創造

1……ニッチトップシェア戦略

「始まりは、どんなものでも小さい」──キケロ──

(1) ニッチトップを狙う「シェア二〇%」のポジションづくり

「ブランド」とは、他社と明確に区別される付加価値の高さをいい、同時に顧客の信頼の証しでもある。よく「ブランド＝高級品」と捉えられがちだが、正しくは「差別化された高付加価値」。ブランドは商品・サービスや事業全体、あるいは企業そのものであったり、仕入れ先の原産地などであったりする。要するに、「この商品（企業）はほかに比べて価値が高い」と顧客に認めてもらえば、たとえ一〇〇円の商品でも、また社歴の浅いベンチャー企業でも、立派な〝ブランド〟となる。

ブランドとして認知されていないものをブランドに育てる、または、ブランドを構成する各要素を強化し、活性化・維持管理していくことを「ブランディング」と呼ぶ。食品関連企業にとって、このブランディング戦略は安定成長を続ける上で極めて重要な位置を占める。もっとも、ブランドは一朝一夕で出来上がるものでなく、時間とコストと手間を要する。また、商品・サービス・事業・商号などがブランドになったとしても安心はできない。現在のマーケットは、強みを持つブランド同士がせめぎ合う決勝トーナメントに入っているからである。

したがって魅力ある食品ビジネスをつくり上げていくためには、ブランドの中でもトップクラス、いわば「ナンバーワンブランド」を創造することが、自社をファーストコールカンパニーへと導く決め手となる。

しかしながら、ブランディングに不慣れな企業は往々にして、無理に背伸びをし、自社には到底実現し得ないような〝付加価値〟を打ち出して、見せ掛けだけの「ブランド」をひねり出そうとする。ブランドは、自社が一方的に発信するだけでは構築できない。しかも、ナンバーワンブランドという顧客の高い評価、厚い信頼を手にするには、自社の身の丈に合った経営対策――すなわち、経営資源の重点配分を明確にし、手を打つことが重要だ。具体的には、規模の小さな隙間（ニッチ）分野において、圧倒的な占有率を確保（トップシェア）していく、いわゆる「ニッチトップシェア」への取り組みによる、ナンバーワンブランドづくりを自社の成長戦略として描くことが不可欠である。

そのためにも、トップシェアのポジション、目指すべき市場占有率を明確にする必要がある。そのトップシェアは、「二六％」である。これは、米国のコロンビア大学の数学者バーナード・

【図表5】市場シェアポジションの判断基準

74%	独占シェア	19%	並列的上位シェア
42%	相対的安定シェア	11%	市場認知シェア
26%	**市場影響シェア**	7%	市場存在シェア

O・クープマンが編み出した市場シェア理論（クープマン目標値）で、競争状況から頭一つ抜け出した状態と判断されるシェアである（**【図表5】**）。まずはシェア二〇％を確保し、次に二六％を目標に設定してトップポジションを狙いたい。

和日配メーカーのB社は現在、西日本エリアにおいてナンバーワンシェア二〇％を確保している。量販店チャネルで最下段の棚展開をするB社にとって、エリアポジション二位は赤字転落、廃業コースに直結するため、「シェア二〇％」の維持が生命線となっている。B社では、生産体制と差別化要素を武器にトップポジションを走り続けるため、

①コア技術（オンリーワン）の育成

②ブラックボックス体制の構築（ノウハウを逃がさない方策）

③品質格差へのあくなき挑戦（満足するとキャッチアップされる）

④鮮度で勝負（海外商品と競って勝てるのは鮮度。機械効率や人員投入では勝てない）

⑤自社ファンづくり

――という五つの取り組みを展開し、ファーストコールカンパニーを目

指している。

(2) ナンバーワン評価を狙うエリア・チャネルの特定

日本は二〇世紀まで、人が増え、所得が伸び、物質的な豊かさを求めるという成長社会であった。したがって食品関連企業は、全国の不特定多数の顧客を相手に、大量仕入れ・大量生産・大量販売による低価格・低利益率型のビジネスモデルで成長が可能だった。ところが二一世紀の現在は、人が減り、所得は横ばい、物質面よりも精神面の豊かさを求める成熟社会となっている。多様化した個々の価値観が重視され、広域一律の薄利多売では、逆に利益が下がるマーケットといえよう。

このような成熟市場におけるナンバーワンブランド化の戦略条件は、かつての成長市場の時代から大きく変化している。成熟市場のビジネス戦略は、まず成長市場との対比から違いを明確にし、条件設定を転換することにより(**【図表6】**)、自社が狙うべき特定のターゲット顧客・エリア・チャネルを設定する。これがニッチトップシェア型ナンバーワンブランドの条件づくりのスタートとなる。

成熟市場の環境においてニッチトップシェア型ナンバーワンブランド戦略を進めるには、従来のような不特定顧客ではなく、特定顧客のターゲティング設定から始める。例えば、百貨店・

【図表6】成熟市場における食品企業の条件転換

キーワード	成長市場	→	成熟市場
顧客	不特定顧客	→	特定顧客
販売戦略	薄利多売	→	厚利少売 （高収益・数量限定）
原材料入手	広域	→	産地限定
生産方式	自動化大量生産型	→	数量限定・可変型
ブランド	全国ブランド	→	産地ブランド

量販店・専門店・コンビニなどに商品を納入しているメーカーや卸売企業においては、その店の購入客の中から対象顧客を特定する。

また、消費者向けに直販を行っているメーカーや小売業・外食業などにおいては利用客、ギフト用食品販売の場合であれば顧客の送付先リスト、カタログ・インターネット通販業であれば過去に積み上げたハウスリスト（イベントや広告などで集めた見込み客情報）の中から特定する。食品メーカーに原材料を供給したり、ホテルや外食・中食・給食事業者などに食材を提供する業務品チャネルであれば、自社商品が提供する価値を受け入れてくれる業界・業種分野や地域、専門分野などから、顧客を特定する。

販売戦略では、薄利多売から〝厚利少売〟（高収益・数量限定）へと、売り方の転換を行う。例えば、市販品チャネルの最大顧客である量販店においては、近年、従来のような定番商品やスポット商品の薄利多売ではなく、粗利益が稼げる独自の売り場展開を訴求するコーナーを設置しているが、量販店は単品大量販売のノウハウこそ持っているが、特定分野の多品種少量販売には不慣れである。そこで店舗の来客状況を量販店に代わって分析し、自社が過去に蓄積した需要データと組み合わせ、量販店に厚利少売型の売り場づくりの提案を行う。最近は売り場の一定スペースの管理を受託し、品ぞろえから陳列方法、店内販促のすべてを任される「ラック・ジョバービジネス」と呼ばれる支援販売スタイルで実績を伸ばす企業が増えている。

業務品チャネルにおいても、ほかにない自社独自の製造技術や商品開発力などで、取引先と相互に収益が上がる組み立てをすることだ。そのため原材料の入手においても、広域型から産地限定に移行して他社の参入障壁を上げると同時に、生産方式も自動化・大量生産型ではなく、数量限定・可変型にシフトして希少性を打ち出していく。それにより、どこでも買える全国ブランドから、全国に名だたる産地ブランドを構築する。

いずれにせよ、成熟化したマーケットに身を置いている食品関連企業が成長領域を見つけ出し、果敢に挑戦していくには、市販品チャネルと業務品チャネルの選択について構造転換の明確な意志を持つことが大切だ。

(3) 選択チャネルにおけるシェアアップ対策――「指名率の向上」

前述したように、食品ビジネス企業がニッチトップシェア戦略を進めるには、

- ナンバーワン評価を狙うエリア・チャネルの特定
- 特定エリア・チャネルの顧客ターゲティング

――の二点を設定していくことが重要である。このうち特に重要となるのがチャネル政策である。選択チャネルにおいてシェアを伸ばしていくためには、それぞれのチャネル(市販品・業務品)で留意すべきポイントがある。それはリピート率の向上である。

いくら自社がナンバーワンブランドのポジションを獲得できたとしても、その座は未来永劫、続くものではない。トップポジションを獲得した途端、どんなブランドも陳腐化が始まるのである。他社のキャッチアップはもちろん、顧客も初めて購入したときの感動や、新鮮さを忘れてしまう。よって、自社の商品・サービスを継続的に購入・利用してくれるリピーターをつくることが不可欠だ。次の購買につながるリピーターづくりは、ナンバーワンブランドの大切な要素である。リピート率の高さがブランドの証しになる。〝お気に入り商品〟として顧客にリピートされれば再購入という安定基盤をつくるばかりでなく、高い業績に直結する。

リピート率の向上には、自社ブランドの指名率向上が課題となる。すなわち、量販店・卸問

屋のバイヤーや食品メーカー・外食チェーン店の調達担当者が、自分の好き嫌いに関係なく仕入れざるを得ない、売り場構成や製品開発から外せないほどのブランド指名力が必要条件だ。例えば、食品メーカーのC社は市販品チャネルの売上比率が九〇%を超える。C社の商品が売り場になければ、量販店は店頭売上げを確保できないどころか、顧客が店を変えてしまうほどである。そのためブランド指名率において圧倒的ナンバーワンを構築している。

また業務品チャネルにおいては、NB（ナショナルブランド）商品で販売先の商品価値をつくり込む開発リーダーシップを構築することが必要だ。取引先が食品メーカーであれ外食企業であれ、商品・メニューの開発コンセプト起案から試作、商品化、販売計画に至るまで、開発マネジメントの中心に座る存在感の発揮が、ブランド指名率向上を進める上で必須となる。

ブランドとは顧客（消費者・ユーザー）との信頼の絆の証しであり、常に顧客にとって魅力ある価値を提供し続けることで初めて成り立つものだ。ナンバーワンブランド化によって価値をつくり込むことにチャレンジしていただきたい。

①市販品チャネルでの指名率向上基準――「商品貢献度」（交差比率）

市販品チャネルに対して、食品関連企業が提供する顧客価値の一つに「商品貢献度」がある。
市販品チャネルで戦うには、特に最大顧客である量販店に対してリーダーシップをとれる条件

【図表7】交差比率の求め方

$$交差比率 = \frac{粗利益高}{売上高}\ (粗利益率) \times \frac{売上高}{在庫高}\ (商品回転率)$$

【図表8】新商品寄与率の求め方

$$新商品寄与率 = \frac{過去3年で開発した商品の今年度売上高}{売上高} \times 100$$

を整えることが必要だ。量販店のニーズは、経営資源の最低投入で利益を最大化させることにある。売り場の商品貢献度が高い商品を提供することが量販店のニーズに応えることになる。

量販店の多くが展開する薄利多売は、売上高を稼ぎやすいものの、商品在庫が過剰になったり、ロスが出やすくなって、売り場の商品貢献度を下げてしまう。そこで商品貢献度を評価する指標である「交差比率」（**【図表7】**）をものさしに商品提案を行うとよい。具体的には、プライシング（第4章にて後述）による粗利益率の確保と、在庫回転率の良さを提案できる商品を核にする。

②業務品チャネルでの指名率向上基準――「商品開発貢献度」（新商品寄与率）

業務品チャネルに対して提供すべき顧客価値は「商品開発貢献度」である。商品開発貢献度のものさしの一つに、「新商品寄与率」（【図表8】）がある。新商品寄与率とは、自社の全売上高に占める過去三年間で開発した商品売上高の割合である。この比率が高い企業は、新商品開発に意欲的であり、かつ実績を残せる新商品の開発力が備わっていることを示している。目安は三〇％である。

食品メーカーや外食、中食企業にとって、新たな商品づくりによる新たな付加価値創出は永遠のテーマだ。したがって、特定の取引先における自社の年度受注額のうち、過去三年間に企画開発した案件が三〇％を超えることができれば、取引先が持つ開発テーマに貢献できる素材や機能などの支援提案が可能となる。取引先の新商品開発の中枢を担うことができれば、それが自社の指名率の基盤となる。

新商品寄与率三〇％を実現できるモノづくりと、開発の固有技術の構築が重要である。

（4）ニッチトップシェアに向けたアプローチ

①ハングリー・マーケティング

ニッチトップシェア戦略に向けたアプローチの一つに、「ハングリー・マーケティング」がある。ハングリー・マーケティングとは、商品の生産規模や販売数量を抑えることで希少価値や品薄感を打ち出し、「売り切れ御免」や「早い者勝ち」という状況をつくり出し、顧客に欲しいと感じさせる手法である。「お一人様〇個まで」「〇日までの期間限定」などが挙げられる。つまり顧客が飢餓感（ハングリー）を覚えるような需要と供給のバランスを構築することだ。この手法は「意図的に品切れを起こす〝品薄商法〟だ」と批判されるケースもあるが、原材料の安定調達が困難、あるいは丁寧な手づくりのため生産量が限られるなど、限定規模で展開せざるを得ない理由をあらかじめ告知することが重要となる。

調味料メーカーD社は、化学調味料無添加による食材の本物感度にこだわりを持つ顧客に、産地限定素材のうま味調味料を数量限定の生産方式で展開し、トップブランド化を実現している。地域限定の市販品チャネルで販売し、固定ファンの転居とクチコミで、提供エリアを少しずつ広げていった。そのため、数量が限定されていることが結果として「売り切れ御免」というポジションを獲得し、「幻の〇〇調味料」との定評を得た。D社は順次、生産体制を整えるとともに、エリアも拡大させている。また業務品チャネルでも、同社のうま味調味料が外食業で採用され、出店エリアの広がりもあってトップブランドを構築している。

②残り福戦略

マーケットの選択要件として、市場拡大・成長性ではなく、「成熟市場で生き残る」ことを目指す企業は、固有技術・生産方式・コスト力などを徹底して磨き上げ、トップシェアを押さえる「残り福戦略」という手がある。この場合は、大手のライバルが参入してこない一〇〇億円以下の市場規模と、参入障壁の高さが不可欠となる。極めて厳しい条件ではあるものの、条件構築ができると安定した高収益事業モデルが可能になる。

食品素材メーカーE社は、市場規模一〇〇億円の業界で年商六〇億円、シェア六〇％を誇る、文字通りのニッチトップシェア企業だ。同業ライバルは五社で、二位以下に追随を許さないダントツのナンバーワンである。同社は市場の拡大ではなく、市場縮小に歯止めをかけ、維持することでニッチトップを実現している。

業界の市場規模が停滞・縮小していく中、同社は生産方式の半自動化による労働環境の改善と、生産性向上のための設備導入に投資を振り向けた。併せて、業界で一般化していた製法技術から一歩踏み込んだ技術を開発し、ライバル他社にはまねのできないオンリーワンの製品づくりに成功。市場は伸びなくとも、その縮小の動きが及びにくい分野を確立した。

具体的には、高級素材の利用事例をマーケットに向けて発信し、従来品で間に合わせていた高級食品づくりのニーズを取り込んだ。高級割烹や高級食材用に使われることが定着し、そのブランド力を強固なものにした。安定した供給量を背景に、さらに工場の機械化・自動化を図ることによって生産性の飛躍的向上を実現し、成熟・縮小マーケットにおける確固たるポジションを構築している。

③業界常識の打破——「業界の常識はわが社の非常識」

現在ある製品は、過去から現在に至る社会環境の変化から生じたニーズによって生み出され、製品価値を発揮している。当然ながら、今後も社会環境の変化に伴う価値の変化が生じる。つまり、今ある顧客価値から生まれた製品は、価値転換が必然となる。

一方、食品業界にはさまざまな商慣習がある。長年の経験に裏打ちされた基本事項であることが多いが、それらを「オールイエス」ですべて受け入れてしまうと、〝業界一蓮托生型〟の経営となり、他社とともに沈んでしまう。「業界の常識はわが社の非常識」と捉える必要がある。過去のやり方の延長線上に未来はない。

例えば、外食チェーン業界でトップクラスに位置するハイデイ日高は、業界の常識にとらわれず、地に足の着いた対策を積み上げてきた。ほとんどの外食企業は店舗の立地選択において、採算がとりやすい家賃の安い郊外立地を選択する。だが同社は、あえて家賃が高い駅前一等地への出店にこだわっている。集客性が高い上に、ライバルもいないためである。高い家賃を吸収するために長時間営業とし、セントラルキッチン（集中調理施設）によるローコストオペレーションを構築。また、好立地が多い大手ファストフード店の近接地を狙ってエリア内に集中出店するという、ライバルのいない競争条件づくりによって急成長と高収益を実現している。

2……顧客価値のストーリー化

「製品を知らずに、どうやって客にすすめるんだ？」

――スティーブ・ジョブズ『スティーブ・ジョブズ名語録』（ＰＨＰ文庫）――

(1) ブランドポジションづくりのストーリー

ナンバーワンのブランドポジションを確保するには、自社商品が提供する顧客価値を「一人歩きしてくれるストーリー」として訴求し、それをもとに販促（プロモーション）を展開していく必要がある。

①物語マーケティング——自社の価値観や商品の世界観を物語として訴求する

自社のブランドを〝指名買い〟につなげるには、「物語マーケティング」が効果的だ。物語マーケティングとは、商品というモノに、自社の価値観や商品の世界観など「コト」という付加価値を訴求する手法である。すなわち、企業が持つ文化や思い、こだわりによって、顧客の支持や共感を得ることだ。国内外の有名ブランド商品の多くは、そうした「ブランドストーリー」を商品政策の中核に置いている。例えば、日本ケンタッキー・フライド・チキン（ＫＦＣ）は、創業者のカーネル・サンダースの生い立ちをはじめ、創業当初から守り続けている秘伝の一一種のスパイス（イレブン・スパイス）と圧力釜を使用した独自の製法を物語として展開している。

開発に携わった社員の開発秘話や製造開始当時の失敗談といった開発ストーリー、原材料へのこだわりとそれを手に入れるまでの経緯を伝える素材ストーリー、会社の成り立ちと創業者の情熱、成長に至るターニングポイントなどをドラマ仕立てで発信する企業ストーリーなど、どのような企業にも何かしらの〝物語〟が必ず存在しているはずである。

現在はソーシャルメディアの発達により、情報発信の重要度はますます高まっている。単にモノをつくり込む「モノづくり」より、モノをめぐる価値観や世界観を語る「モノがたり」を発信していくことが求められる時代なのである。自社の価値観・商品の世界観を物語れば、必ず顧客は反応を示してくれる。

②五感マーケティング――価値の裏付けを「五感」（視・聴・味・嗅・触覚）で訴求する

食品の「おいしさ」は、甘味・苦味・渋味・うま味・酸味・塩味など基本味で決まる。これらの商品価値をターゲット層に伝え、支持を取り付けるには、視る、聴く、味わう、嗅ぐ、歯ざわりや噛みごたえなど、食べたときの感動を「五感」（視・聴・味・嗅・触覚）によって表現し、根拠データとともにストーリーとして展開・訴求する。それによって顧客は初めて頭で理解し、自分の価値基準と照らし合わせることができる。

その価値を心で納得できる価値として受け止めてもらえれば、ほかの人に話したくなる、教えたくなるほどの感動という顧客価値を生む。人間は感情の生き物だ。合理的なロジックだけがモノを買う選択基準ではない。土用の丑の日に実演販売の匂いにつられてウナギを買う。心地よい音楽が流れるカフェでつい長居をしてしまう。現在は顧客の感覚に訴え、喜びや楽しみなど〝気分〟を売る時代だ。

ある企業は、味覚を数値化できるセンサーを使用し、「味の見える化」を行っている。商品パッケージに従来商品とうま味を比較した棒グラフを印刷して消費者にアピールしたり、ある商品についてコクや味の複雑さ、まろやかさ、素材の余韻といった味の指標のバランスを測定し、それをレーダーチャートで表現したパンフレットを作成したりしている。また、ある食品スーパーでは味覚センサーを生鮮野菜の仕入れに活用している。スーパーは安定供給のため複数の産地から野菜を調達している。当然、産地の風土や気候によっても風味は異なる。そこで各産地の野菜を分析し、それぞれの違いを数値化。一定の品質を満たした野菜を仕入れることに活用している。

③シーン・マーケティング——ユーザーの利用場面に応じた価値を訴求する

あなたの目の前に、ダイヤモンド一個とミネラルウォーター一本があるとしよう。いずれか一方を選べと言われたら、あなたはどちらを手に取るだろうか。迷わずダイヤモンドを選ぶはずだ。ダイヤモンドの方が価値が高いからである。そこでシーン（場面）を変えてみよう。あなたは今、砂漠の真ん中でのどの渇きに苦しみ、生死の境をさまよっているとする。そんなとき、この選択を求められたとしたらどうか。相当に貪欲な人でない限り、ミネラルウォーターを選ぶはずだ。砂漠では、水の方が価値は高いからである。これは極端な例だが、要は人が求める価値は、時々の環境や状態に応じて変化するということだ。

顧客やユーザーが特定のシーンで利用することを想定し、ＴＰＯ（時間・場所・場合）に応じたニーズを設定して商品価値を訴求する手法を「シーン・マーケティング」と呼ぶ。食品においても、食べるシーンによってニーズが異なり、味わいも変わる。例えば、夏の甲子園球場では毎年、「かち割り氷」が飛ぶように売れる。甲子園球場でよく売れるのだから、高級住宅地ならもっと売れるだろうと田園調布で売り歩いてもそうは売れない。どの家庭にも製氷機能付きの冷蔵庫がある。室内はクーラーで快適だ。わざわざかち割り氷を買ってまで、頭を冷やす必要がない。

氷屋さんであれば、甲子園球場でかち割り氷を売り、海水浴場でかき氷を売り、漁港では鮮度保持用の海水シャーベットを売り、スーパーには製氷技術を生かした冷凍食品を売るということである。凍らせれば解けにくく、解かせば味が薄くなるという清涼飲料水への不満に着目し、固く凍らせることが常識の製氷業界で、あえて解けやすい製氷技術を導入。コーヒーや新鮮な果汁の冷凍飲料を開発して成長した企業がある。

また、顧客が食べる場所や原風景などをイメージし、それを実際に再現するような提案を行い、再購入の動機付けにつなげる。例えば、地場野菜や地元食材を産地直送で販売するなら、商品案内とともに、田舎でおいしく食べた素朴な味わいという思い出を喚起するような風景写真やキャッチコピーを載せたダイレクトメールを送付するといった具合である。自社商品の利用シーンをできるだけ多く想定し、顧客の注文履歴や購入経緯、年齢層や居住地域などから、それぞれに当てはまるターゲットを設定し、アプローチを行っていく。

(2) 価値の「魅せる化」

商品のコンセプトやストーリーを訴求する上では、販促ツールによって自社商品のこだわりの素材・製法やおいしさの見える化、すなわち、価値の「魅せる化」を行う必要がある。例えば、パンフレットやカタログ、POP広告、メールマガジン、社外報や機関誌などのハウスオーガン(企業が販促やPRを目的に発行する定期刊行物)によって、おいしさの裏付けや解説、原材料や製法のこだわり、健康への配慮などを紹介する販促ツールを作成し、おいしい理由を明確にする。それによって顧客は商品の真の価値を知り、ひいては「商品のファン」であることに誇りを感じる。

最近の傾向としては、手書きによる販促ツールが見直されている。例えば、売り場のPOP広告では手書きが多用されている。食品の事例ではないが、二〇〇一年に、旧刊(一九九八年発刊)の文庫本『白い犬とワルツを』(テリー・ケイ著、新潮社)が突然ベストセラーになり話題となった。同書は発売当初ほとんど話題にならなかったが、千葉・JR津田沼駅前の書店「ブックス昭和堂」の店員が文庫本を読んで感動し、同書の販促POPを手書きで作成したところ飛ぶように売れ始め、それを知った出版社の社員が全国書店に同書の手書きPOP作成を勧めたのがきっかけだった。

昨今はスマートフォンなどモバイル端末の普及により、文字を書かずキー入力する人が多い。それだけに、手書きの文章は人の目を引く。「字は体を表す」というように、肉筆の字は書き手の人となりを示す。商品のコンセプトや特長を説明する上で、無機質な印刷の活字よりも、手書きの方が人の思いや気持ちが伝わりやすく、よく売れるのである。

また販促ツールとしての位置付けで、直営の外食店やアンテナショップを展開することも考えられる。顧客が常に新しい発見ができるような利用事例の紹介や、食べ方の工夫から「おいしさ」という価値を展開する。おいしさという価値を体験した感動が再購入行動に結び付き、知人・友人の紹介につながる源となる。「行列のできる店」や地元での評判などが得られれば、それを基点に地域のクチコミがより価値を伝え、利用者の紹介と継続的に来店してくれるリピーターが広がっていく。

①量販店のベストパートナーとして高収益を構築するファブレスメーカー

食品流通の中心を担う量販店は、「良いものをより安く」という、従来提供してきた顧客価値の転換を迫られている。デフレ対応型の価格弾力性の高いマーケットが厳然と存在し、その低価格競争の中で自ら低収益化に陥り、対策を模索している。

その一つとして、店頭で従来商品より高単価で販売する、一線を画した売り場づくりがある。

「お客さま繁盛係」という位置付けで、量販店にとって付加価値の高い売り場を構築する動きが出てきている。こうした量販店側のニーズをくみ取り、商品企画から売り場のマーケティングまで一手に引き受け、店に代わって消費者に商品価値を直接訴求する「ダイレクト・ブランディング」で収益を伸ばしている企業がある。「従業員・家族にとって面白い会社にしていきたい」を原動力に、「おいしいもの」「面白さのあるもの」を追求する和日配メーカーのF社だ。

同社は、商品企画・デザインからブランド管理、品質管理、物流、マーケティングまで手掛け、「グルメファッション企業」を標榜し、北は北海道、南は沖縄に至るまで協力工場を有し、多品種小ロットシステムを可能にするファブレスメーカーとしての強みを持つ。取引先が四〇〇社と分散しているため、製造協力先（二〇〇社）に小口生産に協力してもらうことで、結果として全体的なリスクヘッジを実現している。すべて見込み生産ながら、欠品率は〇・四％、破棄ロス率が〇・一％未満という驚異の付加価値を実現している。

F社がスーパーマーケットチャネルを開拓したのは二〇〇〇（平成一二）年。以来、少し値は高いが、「楽しませてくれる・面白い・愉快なもてなし」という価値を創出している。具体的には、商品を単品ではなく、コーナー展開という一つのユニットとして提案し、単品の価格価値から売り場による価値創造を実現している。

F社は売り場を一つのユニットとして自社商品アイテムで提案し、売れない商品は入れ替えて売れる見込みのある商品を出していくとともに、年間の催事や周辺の売り場と合わせて購入されるようなクロス・マーチャンダイジングで提案する仕組みを構築している。つまり、量販店の売上げをプロデュースしているのである。プロデューサー的な立ち位置であるF社は、商品が売れないのは値段が高いからではなく、価値を伝え切れていないからだと捉え、独自のPOPを提供している。それによって量販店ができなかった買い上げ単価のアップと粗利益額の増加を実現した。

消費者の八割は店頭で購買を決定しているとされ、店頭での滞留時間と消費額は正比例の関係にある。そして買う理由が分からない商品には、決して消費者は手を伸ばさない。F社は、その買う理由を「成功する『コトPOP』」によって伝えているのだ。同社が展開している「コトPOP」の五つのポイントは、次の通りである。

●ターゲットに呼び掛ける

単にお客さま全員に呼び掛けるのでなく、誰に、どんなときに食べてほしいかをイメージし、ターゲットを設定する（今晩のおかずに悩む主婦、仕事帰りで疲れている人など）。

●お客さまの声をそのまま使う

実際に食べたお客さまの感想や感動をそのまま書く。お客さまの声をありのまま伝えることで、臨場感と説得力が増す。

●具体的な数字を書く

「一日○○個売れています」「アンケートの結果○○％の方に支持されています」など、具体的な数字を挙げると説得力がさらに増す。

●自分が好きな理由を書く

販売員やバイヤーなどが、その商品の自分が好きな点を書く。お客さまは普段利用している店の関係者が勧める商品に、親近感がわく。

●知らないことを教えてあげる

お客さまが知らない商品にまつわる雑学・ミニ知識や、知って得する効果や使用法などを紹介する。

同社は、売り場のユニット提案で単品訴求からコーナー訴求へと転換し、独自のPOPづくりによって商品価値を消費者に伝え、見事に成果を上げている。単なる価格価値から脱却し、常に顧客側からの目線で価値を追求していくことで多くの支持を取り付け、リピーターを広げている。お客さまの指名買いに、量販店のバイヤーはあらがえない。同社はこうした取り組みによって、量販店とお客さまに対し、強力なブランド力を持つに至っている。

②〝食価値〟以上のコト価値を提供する高収益企業

多くの食品メーカーは、モノづくりにおいて常に新たな顧客価値の創造に挑戦しているはずである。だが、往々にしてつくり手の自己満足に終わってしまうことが多い。たとえ顧客価値の高いモノづくりに挑んだとしても、商品価値の伝え方が稚拙であれば、買い手にまで価値の情報は届かない。

原材料へのこだわり、製法の工夫、安全・安心に向けた取り組み、おいしさを届けるための包装や食べ方についてのアナウンス、また物流や保管・提供方法に至るまで、つくり手の配慮が十分になされていても、その大半は最終購買者にまで伝わりにくい。なぜなら、商品はその価値を自ら発言しないからである。そのため、商品の価値をできるだけ伝える努力と工夫をする必要がある。その一例として、「食価値以上のコト価値を提供すること」に注力している食品メーカーG社を紹介したい。

G社は、日配品メーカーとして長年にわたりモノづくりに励んできた。しかし地元周辺への手売りの範囲を超えられず、ブランド力はほとんどなく、とても会社の未来を見通せる状況にはなかった。G社は自社に提供できる価値を経営資源から整理したところ、「一〇〇年を超える創業からの業歴」「蛍が生息するほどの自然豊かな周辺環境」「日配品という食の日常に働き掛けられるベーシックな素材商品分野を持つこと」の三点について再確認した。G社はこれら

をもとに検討を重ね、最高の顧客品質を提供できる条件をそろえた。すなわち、

- 原材料
- 手づくりによる品質向上
- 他社ができない自然を取り込んだモノづくり
- 歴史を品質に変えて価値づくりができる創業からのこだわり
- 人任せにせず、直接お客さまに伝える直販提供体制
- モノづくりから価値提供方法を変えるコト価値

――であった。その推進ステップは、**【図表9】**の通りである。

【図表9】G社の成長ステップ

ステップ	打った手	成果
ほかにない商品の品質づくり	原材料のこだわりを伝えるハウスオーガン（企業の定期刊行物）やパンフレットの作成	他社にない原材料を見えるようにすることで、原料価値をはっきりと訴求
歴史と伝統から生まれる顧客価値の見える化	目に見えるコトを提供するために、直販体制を変更。具体的には、歴史を裏付ける築100年以上の木造家屋を店舗に改築	曖昧な言葉や表現によるイメージでなく、目に見える価値を訴求
店頭価値を上げる創作料理の外食店舗開業	「行列のできる創作料理の店」がコンセプト。その原点として自然・安心・伝統・歴史を商品のコト価値として構築	創作料理の店舗がネット直販や店舗展開のコト価値の基盤として認知される
自然・安心・伝統・歴史をコンセプトに商品開発	創作料理店により、G社そのもののブランドがコト価値として認知されたため、調味料を基軸とした商品開発を水平展開。コト価値ブランドの拡充を図る	ブランドの構築とメーカーとしての生産効率を図れる見込み生産体制の達成
原材料・素材の垂直統合を図りながら生産体制を増強	商品ブランドからの水平展開の裏付けである見込み生産体制を構築しつつ、原材料や素材の垂直統合体制と生産設備を増強	直販垂直統合体制の構築により高収益体制を確保

第3章

強い企業体力への意志

1……変動に強い収益構造改革

「私は、損益計算書は経営者の毎日の生き様が累積した結果だと考えています」
――稲盛和夫『心を高める、経営を伸ばす』（ＰＨＰ研究所）――

(1) デッドクロス環境

食品業界といえば、他の業界に比べて景気の影響を受けにくいとされ、「堅実・安定」というイメージがある。しかし、近年は収益性に大きな影響を与えるさまざまな不安定要因が登場し、「手堅い商売」ではなくなっている。例えば、食品加工メーカーは原材料を輸入に依存している場合がほとんどで、その仕入れ価格は市況や為替レートで上下する。最近は投機マネーの流入による国際金融情勢の不安定化、新興国の経済成長に伴う原材料の供給逼迫、地球温暖化が原因とみられる穀物原産国での天候不順などにより振れ幅が大きい。

また、他社の加工食品に異物が混入する不祥事が起きたり、食中毒事件などが発生すると、それに端を発した風評被害により、全く無関係の会社の商品まで売れなくなる。一等地に店を構えて抜群の集客力を誇る飲食店も、自店の近隣に強力な競合店が進出すると大きな影響が出る。人気メニューを有しながら、スタッフが店内の悪ふざけ画像をツイッターに投稿して騒ぎとなり、閉店どころか倒産した例もある。食品ビジネスは季節・市況・商圏・信用など広義の環境要因に左右され、不安定な経営になりやすいのが現状である。

こうした外的要因の影響から仕入れコストが上がったり、集客力が低下したりすると、収益力が脆弱な企業ほど、売上げを伸ばそうとして価格の据え置きや値下げに踏み切る。しかしながら、限界利益率（粗利益率）の低下を販売数量増でカバーしようとすると、在庫を積み増すことになる。販促費用も増える。コスト上昇環境での仕入れ増と在庫増で資金需要が急増する一方、期待した売上げもさほど増えず、運転資金は逼迫する。

売上数量のアップを図ろうとすると、販売デフレ・原価インフレを加速させ、収益悪化に陥ることが多い。ひいては赤字転落、資金不足を招き破綻する。売上高曲線が横ばい、ないし右肩下がりに対し、コスト曲線は右肩上がりだと、両曲線がクロスすれば赤字に転落する。この「デッドクロス」の根本対策は、マネジメント力の強化である。具体的には、放置すると増えるものと、減るものの二つについて、意志を持ってコントロールしていく。成り行き任せの経営では、デッドクロスの罠にはまってしまう。

「放置して増えるもの」とは、①売掛金、②経費、③在庫。逆に「放置して減るもの」は、①

売上高、②利益、③資金、である。増えるもの・減るものによって生じる問題を、あらかじめ見通して対策を打つことがマネジメントだ。知っている・分かっていることと、「できること」は違う。問題の本質を押さえている企業は少なくないが、対策の実行を徹底している企業はまれである。足元の経営資源の徹底活用を図るマネジメントを、実行しているつもりになっている企業が多い。方針は具体的な指針や基準、行動対策まで落とし込まなければならない。それが抜け落ちていると、現場は自分基準で行動し、それでいて「方針通りにやっている」という気になるため、成果が上がらない。

景気が回復しても、そう簡単に単価は上がらないものだ。だが、コストはこちらの都合とは関係なく上がっていく。このデッドクロス環境では、販売単価基準、仕入れ単価基準を設定することにより収益性を確保し、売掛金・受取手形・在庫・買掛金・支払手形・投資回収などの資金基準を明確にしたマネジメントを徹底することが最も大事である。

（2）収益体質を良くしていく一〇の鉄則

会社はつぶれるようにできている。正しい努力を続けなければ、市場・環境から厳しい判定を突き付けられ、いとも簡単につぶれてしまう。しかし、会社をつぶしてはならない。社会の公器として世の中に貢献し続けることが、企業というシステムに課せられた唯一無二の使命なのである。だからこそ、成長・発展に向け、市場や経営環境の変動に強い収益構造を構築する必要がある。それゆえに、収益体質を良くしていく原理原則を経営の根底に置かなければならない。

収益体質の強化は、つぶれない会社づくりに欠かせない取り組みである。それと同時に、小手先のテクニックが通用しない取り組みでもある。したがって自社の業績と真摯《しんし》に向き合い、襟を正す誠実な経営が収益体質強化の大前提となる。

これまでタナベ経営では、経営改善を進めるクライアントへのコンサルティングを数多く実施してきた。そして、それらの臨床事例から「経営の原理原則」というものを積み上げてきた。その中から、収益体質を良くしていくための「一〇の鉄則」を次に紹介したい。

◆鉄則一　「数字をごまかすな」

倒産会社の第一の特徴は、「数字がデタラメ」であることだ。金融機関から資金を借りるために、自社の実態数字をごまかす。自分を見失う決定的瞬間である。

◆鉄則二　「金利を忘れるな」

多重債務に陥る会社の特徴は、金利について考えないことだ。十一（トイチ）の高利の金に手を付けたときが、経営の自滅行為の始まりである。

◆鉄則三　「親しき仲にも融手なし」

融手（ゆうて）――正しくは「融通手形」といい、俗に〝馴れ合い手形〟とも呼ばれる。手形割引による換金を目的とした空手形であり、当然ながら排除しなければならない。

◆鉄則四　「取引金融機関に相談し示唆を求めよ」

取引金融機関には、自社の経営数値をオープンにし、客観的な評価を受けることが大事だ。対物信用（担保に応じて借金する）ではなく、「対人信用」を築くことである。

◆鉄則五　「資本充実に努めよ」

他人資本（外部から調達した資本）が自己資本（出資者から調達した資本、剰余金）の一〇倍以上に達している会社は危険である。三～四倍にまで是正する。

◆鉄則六　「回転率は政策的に取り組め」

回転率対策は〝管理技術的に〟ではなく、「経営政策的に」取り扱うべきだ。すなわち、現状をどうするかという視点より、こうあるべきという方針に基づき取り組むことである。

◆鉄則七　「損益分岐点に注意せよ」

固定経費の主なものは、金利および手形割引料、人件費、減価償却費である。一方、過当競争で販売価格は下落し、材料費はさほど低下しない。結果、変動比率は上昇する。

◆鉄則八　「悪循環を断ち切れ」

黒字から赤字へ転落すると、資金逼迫など倒産に至るさまざまな症状が出る。抜本対策を打たないと、モノ・カネ不足の慢性化がヒトに及び、従業員は無気力と不安に陥る。職場に活気がなくなり、さらに業績が低下する悪循環となる。

◆鉄則九　「最も厄介なものを片付けよ」

最も厄介な問題を片付けないで、ほかの仕事に精を出しても経営は良くならない。勇気を持って難問に取り組み、解決することである。

◆鉄則一〇「復元力を確かめよ」

アンバランスをバランスに戻すのが「復元力」である。復元力は、ヒト・モノ・カネを生かし切る経営手腕が鍵を握る。企業規模が拡大すると、その力はさらに必要となる。

(3) 現金主義で信用維持

「会社が良いか、悪いか。たった一つのものさしで判断するならば、それは金の支払いぶりだ」といわれる。会社が安定してきたからと錯覚し、支払いをルーズに構えていると、いつの間にかとんでもない風評が立ってしまう。数万円ほどの小口代金でも粗末に扱うと、「あの会社は調子がいいように見えるが、実は危ないのではないか」などとうわさが広がるおそれもある。今はどの企業も、取引先の経営状況には敏感になっている。たとえ小銭であっても、扱い方を

【図表10】借入金利比率の考え方

	計算式と判断基準	備考
借入金利比率	$\frac{借入金利}{営業利益} \times 100 < 30\%$	営業利益の30%以内なら借金返済可能。この金利負担を少しでも軽くすること。無借金経営ほど強いものはない。

間違えれば波紋が大きい。

倒産企業が破綻する直前の資金繰りを見ると、例えば、数万円の小口代金の手形を振り出し、そのサイトも二一〇日という台風手形である。それでも資金繰りの逼迫に歯止めがかからず、ズルズルと手形サイトが長期化し、さらに手形のジャンプ（支払期日延期依頼）へとエスカレートして、ついに倒産へと落ち込む。

「無名の小さな店からスタートして、信用をいかにつくるか」といえば、やはり支払いはできるだけ現金決済にすることである。それしか手がない。現金の強みと手形の恐ろしさを腹によく据えた上で、支払基準を明確にしておくことだ。手形を切って落とせなくなったら、あとは不渡りを出して倒産するしかない。資金繰りは「待ったなし」なのである。

毎月の手形の決済額は、月商の四〇%以下に抑えておくべきだ。例えば月商五億円の企業で、月の手形決済額が二億円ならまだ安心できるが、自転車操業の悪循環に陥っている会社で月の手形決済額が五億円、なのに月商二億円となると、もうどうにもならない。支払いに対する信用政策いかんで、企業はもろくも崩れてしまう。

（4）金利の基準値を持つ

停滞経済の環境下で利益を上げることが難しくなると、金利と営業利益のバランスをチェックすることが肝心である。営業利益のうち借入金利が占める割合を「借入金利比率」という。借入金利比率は三〇％以内であれば合格である（【図表10】）。

（5）売上高経常利益率一・三・六・八・一〇％の業態転換の収益性法則

ところで、儲かる食品企業と儲からない食品企業はどこが違うのか。そこで儲かる食品企業となるために、「業態転換の収益性法則」から、自社点検を行っていただきたい（【図表11】）。収益性法則とは、売上高経常利益率一・三・六・八・一〇％のそれぞれでなすべき業態転換（ビジネスモデル転換）を示したものである。

売上高経常利益率が一・三・六・八・一〇％のいずれかの節目にある企業は、その壁を破るべく、販売先・生産形態・季節変動・原材料比率・取扱商品分野・アイテム状況などを点検すると、ビジネスモデルによる収益性の違いが学べる。これにより、変動に強い収益構造を目指していただきたい。

【図表11】売上高経常利益率1・3・6・8・10%
「業態転換の収益性法則」

【1%未満企業法則】
◆市販品チャネル
◆労働集約型の生産形態
◆季節変動の影響を受ける
◆原材料比率が30%以上の厳しい原価構造
◆日配品を多品種で提供

【3%企業法則】
◆市販品チャネルでPB商品比率が高い、または業務品チャネルで下請け開発のPB商品が主体
◆労働集約型の生産形態
◆季節変動に影響されない平準化操業
◆原材料比率30%以下

【6%企業法則】
◆市販品チャネルでNB商品主体、または業務品チャネルで攻めの提案型商品開発
◆機械生産の割合が高い
◆年間平準化操業
◆原材料比率20%以下

【8%企業法則】
◆NB商品の直販体制整備
◆ライン生産による年間平準化
◆見込み生産モデル

【10%企業法則】
◆NB商品化
◆需要創造型
◆自動ライン化

つまるところ、収益の違いとは業種や業界の違いではなく、各社における販売先・生産形態・季節変動・原材料比率・取扱商品分野・アイテムなど、ビジネスモデルを進化させる取り組みの違いにある。なお参考までに、変動に強い収益構造をつくるための指標として次の七点を示しておきたい。

①一人当たり年間限界利益＝一〇〇〇万円（第一ステップ）→一五〇〇万円（第二ステップ）
②損益分岐点操業度＝七〇％以下
③〈メーカー〉月商＝資本金＝経常利益、〈流通〉月商の二分の一＝資本金＝経常利益
④資金調達力（調達可能な資金量）＝月商の三カ月分以上
⑤自己資本比率＝三〇％以上
⑥総資産経常利益率（ROA）＝一〇％以上
⑦労働分配率＝三三・三％以下

（6）利益の見える化

企業経営者に求められる判断力の中で、重要なものの一つに「利益判断」がある。これに関してこんな事例がある。ある年商一〇億円の食品メーカーでコンサルティングを実施したとき

の話だ。営業担当者が商談をする際の利益基準は、社内の販売管理システムから示される商品原価であり、営業担当者は得意先との諸条件を加味して、値決め交渉をする。当然、営業担当者への評価は、獲得した粗利益額に対して行われる。

ところが生産部門は、受注に対して生産体制を整え、納期に間に合わせるように生産をすることに汲々《きゅうきゅう》としており、どの商品でどれだけの利益を上げているかを把握していなかった。もちろん標準原価は設定していたが、数年前に見直したきりで、生産幹部陣の誰もが現状を反映していないと考えていた。

それを見越した経理担当者が、月次で棚卸しを行い、試算表から粗利益額を算出すると、月次・年次の粗利益額と販売管理データには、やはり大きな差異があった。仕方なく月次決算で全社の最低限の収益確認をしていた。しかも営業管理面では、リベートが得意先別で複雑なことから、部門単位や個人単位に振り分けておらず、実態を表さない販売管理データと月次決算のみで営業戦略・生産戦略・経営戦略の判断をしていた。

顧客別・チャネル別・商品別の利益実態が見えないまま、決算書レベルでその良し悪しを判断していては、利益の源泉も、赤字の本質も見えるわけがない。そこで同社は「利益の見える化」を推進することを第一優先に置いた。まず、標準原価の見直しである。工場では多くの商品を生産している。この商品別の一定条件での原価について、単位当たりの原材料、その他原価変動費と労務費やその他製造固定費を、生産単位時間で割り戻した時間チャージから個別原価を出し、あらためて販売管理システムに乗せ直した。

営業変動費のリベートは客先別条件の見直しを行い、個別交渉をして再設定するとともに、販売管理システムに置き直すことで、製造渡し価格による製造努力と、正味粗利益額による営業努力を見えるようにした。

利益の第一ボタンは粗利益である。この見える化なくしては収益を上げる経営者としての判断は示せない。その的確な価値判断を持ってこそ、収益構造改革のリーダーシップを発揮できるのである。

2……独自性ある経営システム

「この世界で継続ほど価値のあるものはない。才能は違う。天才も違う。教育も違う。信念と継続だけが全能である」――レイ・クロック『成功はゴミ箱の中に』（プレジデント社）――

(1) 経営システム構築の一〇の鉄則

経営システムについてさまざまな解釈や定義がなされているが、ここでは経営システムを「企業を経営するための管理制度・方式」とする。すなわち、経営者が意思決定した経営方針・経営目標を誰に、どのように達成させるのか。また、従業員のベクトル合わせや動機付け、人材育成など、組織を運営する上での仕組みを指す。

ファーストコールカンパニーを目指して、常に現状を否定しつつ、より良い未来づくりをしていくには、原理原則に基づいた経営システムの構築が欠かせない。単なるコストダウンや生産性向上などにとどまらず、一〇〇年先も魅力ある会社として一番に選ばれたいという意志や思想が根底に存在する、独自性の高い経営システムの構築を目指すべきだ。

タナベ経営では過去のコンサルティングの臨床事例から、経営の原理原則を積み上げてきた。その多くの経験値から紡がれた、経営システム構築の一〇の鉄則を次に示そう。

◆**鉄則一　「既往症をよくつかめ」**

自社のことは経営者自身が知り尽くしているはずだが、その実態は、経営者が社内で宙に浮いており、現場から乖離《かいり》して職場の実態や問題点を把握できていないことが多い。社内がいかなる病魔に侵されているかを常に観察すべきだ。

◆**鉄則二　「黒い芽は早く摘み取れ」**

「黒い芽（不正の芽）」に気付いても、のんきに構えていると、押し寄せる悪循環のエネルギーに押し流される。ある時期を過ぎてしまうと、どんな名医を迎えても救いようがない。

◆**鉄則三　「会社を食いものにするな」**

放漫経営の特徴は、公私混同が多く、仮払金の明細が複雑であることだ。仮払金・旅費・交際費の三つをよく洗い出してみる。

◆**鉄則四　「企業のブレーキを持て」**

倒産会社の特徴は、経営者が自信過剰で、外部の専門家や相談役の意見に耳を貸さないことである。

◆**鉄則五　「商品力を検討せよ」**

商品力が非常に強ければ「現金を前金でもらう」、まあまあ強ければ「現金と商品の引き換え」となる。商品力が弱くなるに従って「手形決済→サイトの長期化→リベート→接待」となる。当然、下っていくほど不利になる。自社の商品力はどの段階にあるかをみる。

◆**鉄則六　「卵を一つのカゴに盛るな」（一社取引・一品売上げ一五％ルール）**

一業一品の事業は危ない。特定の得意先一社に売上げの五〇％以上を依存していると、本来あるべき互恵関係ではなく隷属関係を強いられ、危険度も高い。リスク分散を考えてバランスをとることだ。一社取引、一商品の売上割合を一五％以内に抑える。

◆**鉄則七　「得意先から目を離すな」**

会社はつぶれるようにできている。これは得意先とて同じである。与信管理のポイントは、得意先の危険な兆候をいかに早く見極めるかだ。代表的な兆候を次に一〇項目挙げる。

①得意先が他社の倒産被害を受けた
②理由もなく仕入れ先を変えた
③会社の規模からみて過大な設備投資をした
④社内の様子が何となく落ち着かなくなった
⑤経営者の留守が多い（金策に走り回っている可能性がある）

⑥経営者が長い病気にかかった
⑦幹部社員が退社した
⑧経営者や経理担当者が接触を避け始めるようになった
⑨在庫が急に増減した
⑩明らかに安売りを始めた

◆鉄則八　「経営者は公職に手を出すな」

地元の商工団体や業界団体、各種親睦団体などの肩書が並ぶ名刺を持つ経営者は多い。しかし経営者が公職に憂き身をやつして、安泰な経営を営む時代は去った。

◆鉄則九　「景気転換期にご用心」

企業経営は、経済環境を無視しては成り立たない。絶えず景気転換期に注意を払うこと。

◆鉄則一〇「大きくするより中身を良くせよ」

会社の中身を良くすれば、その結果として事業は大きくなる。細い大黒柱をそのままにして家を広げれば、家は倒れる。会社は経営者のスケール以上に大きくならない。

企業が成長するには経営技術のレベルアップが不可欠だ。未熟な経営は成長を阻害するばかりか、存続さえ危うくする。だからこそ、これら一〇の鉄則を経営システムの根底に置くことが必要だ。

(2) 未来最適を見据えて現状否定する

企業が成長発展を実現するには、「現在最適」ではなく、将来を見据えた「未来最適」という視点で現状を否定する必要がある。そのためには、「経営方針の明確化」と「三〜五年先のグランドデザイン」、「フレームワーク（中期経営計画）」を考えることが重要である。その具体化のポイントは、次の一〇点だ。

①中期三〜五カ年ビジョンの策定と、経営方針に基づく経営計画の実施

目指す将来の姿に対して不足していることを見つけ、すぐに対策を打つ。不足型の問題意識から計画を策定する。

②毎年一〇%の単価ダウンにも耐え得る損益分岐点操業度七〇%以下の体質づくり

既存商品のブランド磨耗による単価ダウンを前提とした厳しい条件を自ら設定し、強い体質をつくり上げる。

③営業資金、回転差資金を押さえた資金繰り中心の財務バランスの構築

資金対策を中心とした財務バランスをつくり上げる。例えば、年商が三六億円の企業の回転差資金が逆ザヤ一カ月であれば、必要資金は三億円。そこから成長して年商が七二億円になれば、必要資金は六億円になる。意志を持って財務バランスがとれる経営システムを構築しなければ、資金が成長の足かせになる。

④支払手形・買掛金のゼロ化によるつぶれない会社づくり

企業が成長すると、資金需要が旺盛となり、支払手形や買掛金が増加する。つぶれない会社とは、資金効率を収益に結び付ける経営だ。支払手形や買掛金のゼロ化を目指す。

⑤粗利益・限界利益の増大策と、業績連動型の人件費の変動費化

理想の成長バランスは人件費の伸びを売上げの伸びが上回り、そして売上げより粗利益・限界利益が伸びることで経常利益が成長していくことだ。積極的なアウトソーシングの推進による粗利益・限界利益の増大策と、人件費を業績と連動させて変動費化することを視野に入れる。

⑥社風刷新を図る現状把握とチャレンジ集団づくり

業績向上へ前向きに取り組めるチャレンジ集団づくりと、成果に報いる新人事処遇制度を構築する。

⑦農耕型・市場創造営業システムの開発と新市場・新商品の開発

未来最適へ向けた中期経営計画（三〜五カ年）の時間資源を生かすためにも、経営基盤を拡充する開発や開拓の取り組みを行う。取引が進むたびにファン客が生まれ、顧客基盤が増えていくような農耕型の経営システムや、潜在顧客を見つけ出し顕在化していく市場創造型の営業システムを開発していく。

⑧先手・先行で安定業績を構築する六カ月先行管理の導入

現在の業績は過去に打った手の結果であり、未来の業績を保証しない。先行管理システムの構築で、成果が上がる未来志向の仕組みに変える。

⑨海外調達・海外生産、共同配送・共同開発、海外マーケットの開拓

国内戦略と海外戦略を、生産・購買・販売・開発・物流などの経営機能で組み立てる。

⑩情報のオープン化とデータ活用の社内外ネットワーク化、情報スピードの向上

データ集積を経営資源として強みにする情報システムを構築する。

(3) 自社の経営基盤の点検

経営システムの構築には、自社の経営資源の最適投入による経営基盤の拡充が求められる。したがって、強みの発見と強化の観点から、自社の経営基盤を点検する。

①収益基盤

利益の源泉は何か、それは今後とも利益の源泉であり続けるか。現在の業績をつくっている利益の正体を明確にし、利益の源泉を強化していく。

②商品基盤

粗利益・限界利益を生んでいる主力商品は万全か。粗利益・限界利益は自社の顧客貢献度をそのまま反映する。売上高は「奉仕高」、粗利益・限界利益は「貢献高」として捉える。

③販売基盤

粗利益・限界利益を稼いでいる主力顧客はどこか、伸ばせる先はあるか。粗利益・限界利益の多くを稼いでいる顧客は今後とも主力顧客たり得るか。自社の真の顧客であるかを確認する。

④生産基盤

生産や仕入れの基盤となる生産技術・専門性は万全か、陳腐化していないか。現在の生産技術や専門性は、今後とも強みとして維持できるか。新たな取り組みは必要か。

⑤組織基盤

前向きに物事に取り組める活性化した集団か。過去の延長線上の取り組みを続け、当面問題がない限り変革しないことを「マンネリ」という。すべてを変革対象とする取り組みができる集団だろうか。

⑥管理基盤

決めたことを守らせる基本が貫かれているか。業績不振が続く会社は、決めたことが守られないから回復しないのである。決め事を当たり前のように実行させる管理システムを構築する。

⑦人材基盤

誠実で実行力のある人材を育てているか。誠実とは、嘘やおごりがなく、常に前向きであることを指す。目的の真の理解と実行力の高い人材かどうかを点検する。

(4) 成長企業の経営システムづくり事例

経営システムを「理念」「事業戦略」「マネジメント」「人材」という四つの要素でみると、高い評価を得ている企業は、さまざまな工夫や思いもかけない独自の取り組みをしている。それぞれの事例を紹介したい。

①理念を醸成する経営システム

理念を経営の根幹に置き、顧客に「社会に存在していてよかった」と思われる企業づくりである。経営の目的の最上位の概念が経営理念であり、企業の存在意義でもある。企業の価値は突き詰めれば社会価値であり、「あってよかった」「なくては困る」という魅力につながる。

【事例Ⅰ】直営店舗展開型メーカー

a. 店舗展開が全国にわたるため、経営理念を考え方や行動の基準にしている。具体的には商品づくりや接客対応の仕方など、マニュアルで落とし込み切れない行動規範や、毎日の業務の判断基準などである。

b. 経営理念は決してブレてはいけないものと捉え、常に念頭に置いている。人件費もコストではなく、事業目的そのものと捉え、人件費をかけることによって付加価値を増大させていくことを考えている。

c. 商品づくりにおいては、店舗単位で社員による工夫や店頭での手づくりなど、セントラルキッチン（集中調理施設）では対応できないつくりたてのおいしさや盛り付け、美しさを追求している。

【事例Ⅱ】外食チェーン

a. 現場の実態を見て、数値で判断するクセを身につけさせ、それが経営理念の判断基準と一致しているかを判断させる。

b. 経営理念を優先順位のトップに置き、シンプル思考、サイエンス思考で仮説と検証を繰り返し、自社のノウハウにまで高めていく。仮説と検証によって理念実現に向けた成果が認められる取り組みは、全社展開を決断して継続的・徹底的に行動する。

c．経営理念でつながる組織づくりを重視し、理念実現のための指針を「ミッションステートメント」として共有化し、社会に対する価値提供を業務の中で探させている。

②事業戦略を構築する経営システム

経営理念や経営目的の実現のために、世の中が困っている・悩んでいる・不便に感じている・不満に思っていることなどを見つけ出し、それを解決する自社の固有技術や強み、特長をつくり込んでいく。

マーケットが構造的に変化していく食品業界においては、商品や事業、業態など新たな価値をつくり出すことが不可避だ。常にマーケットや顧客を見つめ、自社はどこに、何を提供するかを求めていく。

【事例Ⅰ】直営店舗展開型メーカー

a．新しい店舗や業態を展開する際は、着地数字や顧客満足度を設定する。一店舗成功すると、外部から出店要請が来るため、成果を上げる真剣な取り組みを推進する。

b．出店スタッフに最も優秀な調理人と店長をあて、家賃が多少高くても最高の立地を用意し、最高の体制でスタートできる環境を用意する。当面の立ち上げコストは大きくても、お客さまの要望をキャッチし、顧客満足を持って帰ってもらうことに重要性を置く。
c. 最高のスタッフや準備環境から生まれた運営の基本をノウハウ化し、店舗や事業展開の礎にしていく。

【事例Ⅱ】開発型垂直統合メーカー

a. 会社の夢として「本物＋感動＝永続」をテーマに置き、視野を広く持ち、問題に挑戦していく。事業永続を最も大事な判断基準の一つに置き、現在の問題解決とともに、未来のための開発投資や仮説設定によるチャレンジを同時に行う。
b. 顧客価値をつくり込み、それを商品やサービスとして提供し、顧客に認めてもらうための工夫、すなわち「モノを言わない商品・サービス」に、「モノを言わす商品・サービス」づくりを行っていく。
c. 商品・サービスのいわれやこだわり、工夫や独自性などを顧客に伝えるための裏付けや、検証データ、価値ある商品開発ストーリーなどを価値コンセプトとして明確にする。

③マネジメント成果を上げる経営システム

事業戦略を推進するために、ヒト・モノ・カネ・情報などの経営資源の最適投入により成果の最大化を図る。また、日常業務のＰＤＣＡを丹念に回していくことで、経営資源の活用・運用が善循環していく仕組みをつくる。きめ細かな現場に合った取り組みが成果を上げる。

【事例Ⅰ】市販品百貨店店頭・通販型メーカー

a．日々の業務を正確に記録していく嘘のない作業日報を作成させ、異常を見える化し、改善を行っていく。

b．各部門ごとに業績管理を行う。前工程が後工程に販売する形で部門別に採算をとっている。

c．「コンセントを束ねることで五四〇秒が一一〇秒に短縮し、年間四万三〇〇〇円の削減」「手袋の入っている箱のレイアウトを変えることで〇秒短縮し、△円の削減」など、作業の工夫で短縮できた時間を金額換算している。

【事例Ⅱ】個店地域密着型スーパーマーケット

a．「お客さまに合った品ぞろえをする」。上位一〇％のアイテムで全体売上高の七〇％を占める。一方、下位一〇％のアイテムは一％にも満たない。そのため上位一〇％は売れる場所に移動し、下位一〇％はカットする。

b．「お客さまに価格を決めていただく」。Ａ商品を値入率二〇％で販売すれば日販一〇個、一五％で販売した場合は日販五〇個などと仮説を立て、実験・検証することにより、お客さまの望んでいる価格を引き出す。

c．「お客さまに合わせた売り方をする」。価格の変化による売れ数の変化を知ることにより、無駄な安売りを控える。

④人材を育成する経営システム

最も伸びしろのある、人材という経営資源を生かすための企業づくりが重要だ。社員は企業目的の真の理解者でなくてはならず、そのために何が必要かを認識している社員を育成する取り組みを進める。

【事例Ⅰ】直営直販型メーカー

a．心と科学のバランスが重要だと考える。良い商品があっても、販売員が売ろうと思わないとモノは売れない（心の問題）。また売る仕組みがないとどんなに思いが強くてもモノは売れない（科学の問題）。

b．心＝気持ち＝モチベーション。モチベーションを高めるために必要なのは経営者とスタッフの対話だ。スタッフとの対話は、幹部社員五〇〇名を毎月本部に集め、一時間をかけて経営者の思いを伝えている。費用はかかるが、それ以上の効果を見込むことができる。

【事例Ⅱ】市販・業務品チャネル開発型メーカー

a. 一貫したテーマとして「社員一人一人の自立」を掲げている。そのための環境整備として入社後三～五年はジョブローテーションを実施。理系・文系の区別なく研究、営業を経験する。若いうちに多くの部署を経験して幅を広げることが目的。

b. 「新人最前線」という制度を採っている。若手は表舞台に立ち、先輩がバックアップをすることで経験値を積む。

c. 企画力、創造性、人間性を尊重するコンセプトとして「知的創造空間」を掲げている。

このように、独自の仕組みを構築している企業は多い。いずれにせよ独自性ある経営システムは、一〇〇年先も魅力ある会社として一番に選ばれようとする経営の意志や思想を根底に置くことが前提となる。成長戦略は、それに根差した経営システムによってこそ実を結ぶのである。

第4章

自由闊達に開発する組織

1……垂直・水平型の業態開発

「壁は自分自身だ」— 岡本太郎『壁を破る言葉』（イースト・プレス）—

（1）消費者のモノの買い方が変わった

生活者の食料品調達・飲食の場といえば、昔なら朝市・青空市や個人商店で買う、大衆食堂で食べる、露店・屋台で飲むといったものだった。高度成長を経ると、スーパーマーケットやコンビニエンスストア、ファミリーレストラン、ファストフードが台頭し、カタログや新聞折込チラシによる通販も登場した。さらにインターネットの進展と、パソコンやスマートフォンなど情報端末の普及でネット通販が急拡大している。

そして、現在は「オムニチャネル」が注目されている。オムニ（omni）とは「あらゆる」、チャネル（channel）は「流通経路」のことで、実店舗やeコマース（オンラインストア）などあらゆるチャネルを融合し、どのチャネルからでもストレスなく商品を購入できる環境を指す。今後は消費者のモノの買い方が大きく変わり、食品流通と消費者の接点がさらに多様化していく。となれば、消費者に商品・サービスを届けるまでのプロセス、企業間の取引形態といったビジネスモデルも変わらざるを得ない。

一方、全く新たな顧客に対し、新たな技術・サービスをぶつけていく新規事業開発は、ビジネスモデルを変革していく上で挑戦すべき戦略ではあるものの、これを成功させる難易度は非常に高い。そう簡単には実現しない。したがって、既存技術・サービスの改良や周辺分野の開拓に取り組み、その積み上げや新たな実施経験の中からビジネスモデルを再構築していく「にじみ出し戦略」を展開する方が、実現性は高い。

この実際的な戦略は、手の届きやすい既存取引先、すでに信頼してくれている既存顧客へのアプローチである。例えば現在、顧客が自社ではなく他社に発注している周辺商品やサービスについて、自社が強みとする商品や技術を改良し、他社への発注を自社に取り込む「用途改良戦略」。さらには既存技術やサービスの改良を「既存顧客の周辺」「既存取引先の顧客」にぶつける「用途開拓戦略」もある。

この章では、前述したチャネルの多様化という構造変化を踏まえ、かつ「にじみ出し戦略」を念頭に置いた上で、食品関連企業は組織としてどのような業態やビジネスモデルを開発すべきか。また、いかなる開発体制を構築すべきかについて述べていく。

まず、業態（ビジネスモデル）開発のキーワードを二つ挙げる。「垂直統合」（バーティカル・

インテグレート）と「水平統合」（ホリゾンタル・インテグレート）である。垂直統合は、商品・サービスに必要な上流工程や下流業務を自社に取り込み、付加価値を創造すること。カジュアル衣料チェーンのユニクロ（ファーストリテイリング）に代表される「ＳＰＡ」（製造小売業）が挙げられる。

一方、水平統合とは自社と同一の商品・サービスを提供する企業と連携する、あるいは複数の企業の得意分野・機能を自社に取り込み、付加価値を創造すること。例えば、ファブレス（工場を持たない製造業）やアウトソーシング（外部委託）、コラボレーション（共同企画、共同開発）、ジョイントベンチャー（共同事業）などである。そして、この二つを融合（ファブレス＋直販店）させた例として、アップルやナイキなどがある。次に、それぞれについて具体的な代表例（三パターン）を紹介していきたい。

(2) 垂直統合型――一次＋二次＋三次の六次産業化モデル

事業には「流れ」と「つながり」がある。企画・設計・仕入れ・製造・加工・流通・サービス・販売などの各段階で事業がつながり、展開していく。事業は川上から川中、川下へと流れており、小さな流れが河口へ向けて集まり、大きな流れに束ねられていく。この川の流れを付加価値という観点で捉えた場合、自社はどの段階で「事業」という船を降ろし、どこまで下ればうまく流れに乗れるか（付加価値を最大化できるか）ということが問題となる。

産業のサービス化や製造機能の海外移転による空洞化、また、国内自給率の低下に伴い、事業構造が変化している。川上（原材料開発、製造加工）の付加価値が取りづらくなれば、川中（卸売）や川下（小売）領域への移転・移動が志向される。また、中抜きやオーバーストア状態により川中・川下で付加価値が埋没していれば、川上にさかのぼり、付加価値を設計し直すことが考えられる。いずれにせよ、付加価値の低い事業から、高い事業へとシフトするのが事業の原則である。

付加価値が低くなった単独の業態で新事業・新商品の開発を組み立てても、付加価値の低い事業や商品が再度立ち上がることになる。単独業態には「専門性」という強みもあるが、ライバルが増えればコモディティー化するという弱みもある。また、マーケットが縮小環境に入ると、付加価値が陳腐化するスピードは加速する。そこで、垂直統合によって提供する価値を一から見直すことで、段階別ロスのカットなど効率アップや品質の向上、ブランドの構築、顧客価値の上昇、告知や販促の効果的投入などが行いやすくなる。

ビジネスモデルを垂直統合で組み立て、付加価値を高めた例を紹介しよう。食肉卸売企業のカミチク（第6章にて後述）は創業以来、着実に発展してきた高収益企業であった。しかし、次第に高い粗利益率の確保が難しくなり、低付加価値・低固定費型の経営を余儀なくされ始めた。そこで、同社は経営戦略として垂直統合に定めた。同社が進めた垂直統合は、生産から肥育・育成事業や生産技術、飼料設計や生産性確保と安全性構築、そして流通小売事業や消費者、食卓までつなげる事業の構築である。

つまり、食肉産業の川上となる牧場経営を組み込み、そこで肥育した牛の肉を加工し、自社が運営する飲食店で提供するという、高付加価値を核とする商品戦略であった。その結果、同社は和牛とホルスタインの交雑種の黒牛ブランドを見事に立ち上げ、和牛に勝るとも劣らない品質と付加価値を確保し、かつマーケットから望まれる価格帯を実現した。

生産から流通・小売事業者が各々の思惑で事業をすれば、連携による相乗効果ではなく、分断による相殺状況が生じる。当然ながら、各段階で付加価値は低減してしまう。同社は川上から川下に至る事業の流れとつながりを担うだけでなく、「農場から食卓まで」という基本コンセプトに基づき、垂直統合を地道かつ着実に進めたことで、高収益のビジネスモデルを確立したのである。

このように、農業や畜産・水産業などの第一次産業生産者が食品加工（第二次産業）や流通販売（第三次産業）にまで事業を多角展開する、あるいは第二次産業事業者が第一次、第三次産業を取り込んだり、第三次事業者が第一次、第二次産業に踏み込むビジネスモデルを「六次産業化」と呼ぶ。この六次産業化戦略による垂直統合で、業績を上げている企業は多数ある。

食品加工メーカーのH社は、「わが社は農業です」という立場を打ち出し、主たる原材料を自ら育て、栽培して出荷。そればかりでなく地元の伝統的食品と自社栽培した農作物を組み合わせたヘルシーフードを開発した。さらに量販店向けなどの市販品チャネルだけでなく、業務品チャネルへのアプローチを図るため、食品メーカーや外食業と商品の共同開発やメニュー開発を展開した。また、その経験をもとに自社工場で外食パイロット店を開業し、店舗売上げとともに直販体制を構築。そしてその直販店舗で開発した商品を、今度は高質スーパーマーケットという限定チャネルで販売し、さらにはネット通販にも広げた。H社は、その相乗効果によって高収益体制を構築している。

もともとH社はある農作物の生産組合からスタートしたが、その農作物を栽培して市場に出荷するだけでは生産と販売のバランスをコントロールできず、値崩れを起こすなど需給関係の影響を受けやすかった。そのため同社は、生産・栽培・出荷・加工・販売まで一貫して手掛ける体制をとった。開発した商品は人気を博し、海外への輸出販売も始めるなど販路が拡大している。同社は第一次産業生産者から第二次、第三次産業への六次産業化に取り組んで成功した好例である。

(3) 水平統合型――産地統一ブランドモデル

次に水平統合の事例を示す。「水平分業」とも呼ばれるが、よく行われるのが製造機能の外部委託である。例えば、自社商品の供給をOEM(他社ブランドによる受託製造)メーカーから受け、自社は生産設備を持たないファブレスメーカーとして展開する。あるいは量販店が自主企画した商品をメーカーに製造委託するPB(プライベートブランド)などが代表例である。ただ、これは自社工場や設備投資などのリスクを回避したり、より安価に販売するための取り組みであり、必ずしも新たな顧客価値の創造に直結するようなビジネスモデルとはいえない。

設計や製造機能を他社と分担するという従来型の水平統合ではなく、複数の食品企業がそれぞれの持ち味を生かして、「ブランド」という価値を共有する取り組みを行う事例がある。例えば、ある地方では地元の食品関連企業十数社が事業協同組合を結成し、天然の冷蔵庫「雪室《ゆきむろ》」仕込みの保存食品を統一ブランド名で全国に展開している。雪室とは、冬に降り積もった大量の雪を保存施設内に投入し、雪の冷気によって生鮮食品を冷蔵するものである。豪雪地帯では古くからこの方式による食品保存が行われており、一年を通じて鮮度が維持できる上に酸化も防止できるというメリットがある。

冷蔵庫の場合、サーモスタットにより温度変化を繰り返すが、雪室の場合は温度が一定に保たれる。温度変化がないために食品の化学変化が抑えられ、鮮度を保持できる。雪室の最大の特長は、「低温順化」という作用による熟成で、保存食品の風味や甘みが増すということである。同組合では、雪室で熟成させたコメや味噌、醤油、緑茶、そば、肉、コーヒー豆などを販売している。日本の国土面積を「雪国」と「非雪国」に分けると、おおよそ半々の割合になる。だが人口の比率でいえば、雪国の一五％に対し、非雪国は八五％を占める。つまり、この八五％の消費者に雪国というブランド商品を提供できるのではないか——。こうした「雪を売るビジネス」という発想から、雪室の統一ブランド商品の開発が始まったという。

もともとその地方では、雪室仕込みの食品を個々のメーカーが販売していた。しかし、それでは「雪室」という付加価値の統一感に欠け、産地としての競争力にもつながらない。そこでブランディングを目的とした事業協同組合を設立し、統一ブランドとしてのストーリーやデザイン、広報・宣伝機能を共有するとともに、営業機能（告知や営業経費）、販路なども共有化を図った。また、地元の公的支援機関などを加え、全員参加による会議を毎月開催し、販売戦略や広告戦略などについて議論を重ね、スピーディーな意思決定を実現している。

（4）垂直・水平混合型——OEM生産方式直販モデル

「垂直か、水平か」という二元論ではなく、両者の強みをそれぞれ取り入れたハイブリッド・

モデルとも呼ぶべきものがある。すなわち、商品の製造機能を外部委託する一方、その商品を自社が消費者に向けて直接販売する「ＯＥＭ生産方式直販モデル」だ。

ある食品素材の卸売業を営むＩ社は、従来、産地問屋として生産者と連携しながら全国に販路を持っていた。しかし、「卸売」という事業モデルでは付加価値を取ることが難しくなってきた。そこで、製造商社として素材加工を行い、それを主材料としたスイーツの製造を外部のメーカーに委託。またその素材を活用したメニューづくりに取り掛かり、本社事務所にカフェをオープンするという戦略を採ったのである。

当初は地元のみで展開していたが、もともと同社が所在する地域は高い産地ブランド力を有していたため、カフェスイーツの人気が出た。その中で、スイーツ商品の持ち帰りニーズに対応するため、ネット通販による直販体制を整備した。店頭メニューの開発とともに直販商品が増えていき、さらにはＯＥＭ外注体制も拡大しながらメニュー企画型のファブレスメーカーへと転換を図った。生産設備を持たず、直販体制を構築したＩ社の収益力は極めて高いものがある。

こうした新市場・新分野の開拓は成長エンジンの要であり、自社の構造転換を図るために不可欠な要素となる。その中において、垂直統合を採るか、水平統合を採るか、または両者を掛け合わせるかは、自社の生産体制や商品分野、チャネル特性、ターゲット顧客層などによって異なってくる。いずれにせよ自社商品をどの顧客に、どのチャネルへ、どのような顧客価値を、いかなるアプローチで提供していくかを明確にすることが重要な鍵を握る。

2……先行開発型マネジメント

「重要なのは、ブランドの名前やロゴマークではなく、その背景にある構想力やマネジメント力なのです」
――秦郷次郎（元ルイ・ヴィトン・ジャパン代表取締役社長）『私的ブランド論』（日本経済新聞社）――

（1）先行開発型マネジメントの着眼

商品開発は、食品関連企業にとって生き残るための生命線であり、成長エンジンの一つだ。商品開発を組み立てる際は、「誰に」「何を」「どのように」提供するのかを、明確にすることが重要である。まずは、どの顧客を狙うか。新規顧客、また既存顧客ではどうかを勘案し、その基本ニーズは何かを把握する。そして現時点で自社が提供できる固有の技術やサービスを軸に、どの顧客に、何を、どのように提供するのかを明確にしていく。ここでは、筆者が推奨す

【図表12】自社の固有技術・強みの棚卸し（要素技術マップ）

		強み 小← レベル →大			弱み（不足）
		保有	差別化	ナンバーワン オンリーワン	
固有技術	技術・開発力				
	生産・仕入れ力				
	営業力				
	その他				

る先行開発型のマネジメントについて説明したい。

①自社の固有技術・強みの棚卸し（要素技術マップ）

固有技術は、自社固有の強みに加え、他社がそれと同様の強みを持っていても、自社がナンバーワンであり続ける「基盤」でなければならない。それを確立するため、自社の固有技術・強みの棚卸しを行う（**【図表12】**）。さらに加えて、要素技術を分野別や機能別・生産方式別に捉えることで、きめ細かな棚卸しを行い、開発基盤を拡充していく。

②ターゲット市場・分野・チャネル・顧客の設定

商品開発は、価値を提供するターゲット市場をにらんだ個別の問題解決力が鍵を握る。したがって、現状のチャネル分析を行い、自社がターゲットとする市場・分野・チャネル・顧客を設定していく。

③先行開発体制のマネジメントと生産・業務・営業の連携体制

開発では、少なくとも三カ月以上の先行開発体制が必要だ。開発テーマの設定から開発推進をマネジメントし、三カ月先の新商品リリースを先行管理する。そのためには、社内の生産部門や営業部門の緻密な連携体制が欠かせない。基本開発業務フローに基づいて、ステップごとに役割分担を型決めするとともに、先行開発体制を構築する。

④プライシング（値決めは経営）

値決めは最も大切な判断の一つであり、付加価値を決定する最大要因でもある。「値決めは経営」といわれるほど、経営を大きく左右する。しかし案外、原価積み上げ方式であったり、現在の同分野商品やライバル商品との価格バランスで決めていることが多い。しかしながら、値決めとは本来価値の提示であり、商品の価値要素から設定されるべきものだ。

プライシングを検討する上で最も有効なのが、「価値の方程式」（【図表13】）である。価値（＝値決め）とは、商品の品質と価格の兼ね合いで決まっていく。価値をどのようにつくり込むかが、値決めのポイントになる。

【図表13】の方程式で示したように、品質が高いほど顧客価値は上がる。「成分の浸透性が良い」「カロリーが低い」などの商品機能、おいしさを感じさせるネーミングやパッケージ、色調、

【図表13】価値の方程式

$$\text{顧客価値} = \left\{ \left[\frac{\text{品質（機能＋効用）}}{\text{価格}} \right] \times \text{（サービス＋システム）} \right\} \times \text{営業パーソン}$$

テクスチャー（表面の質感、手触り）などの効用が、品質を向上させることにつながる。

また、商品預かりや指定日配送などのサービス、顧客情報のデータベース化によるギフト送付先の記録・管理、一定期間の利用によるポイント還元などのシステムも顧客価値を上げるため、値決めに優位な要素となる。加えて販売体制による商品価値の説明や納得感、売り場によるロケーション価値、高質感とともに提供される営業パーソンの情報提供力などにより価値が高まることで、積極的な値決めができる。

併せて、店頭における他社も含めたプライシング調査を定点観測で行いたい。例えば、店頭の対象コーナーにおける各社のプライスゾーンを各商品の価格・容量・陳列位置・フェース数で調査する。顧客価値を他社と比較して、積極的な値決めを行うのだ。

⑤開発業務フローは「三ステップ一〇業務」

商品開発における業務フローとして、筆者は「商品開発三ステップ一〇業務フロー」を提唱している。**【図表14】**は、ある企業が作成したシートの事例である。
商品開発は三カ月先行で、
〈ステップⅠ〉　ニーズ調査・コンセプトメーク
〈ステップⅡ〉　サンプル品試作・評価
〈ステップⅢ〉　最終商品づくり
――の三ステップを踏む。
ステップⅠでは、「ニーズ分析」「コンセプトづくり」「新商品開発テーマ評価」の三業務、ステップⅡでは、「サンプル品試食調査」「サンプル品修正」「商品化最終決定」の三業務、ステップⅢでは、「最終商品試食」「販売準備」「最終確認」「販売開始」の四業務と、併せて三ステップ一〇業務のフローをマネジメントしていく。担当部署ごとに役割を担い、開発会議やトップが商品戦略会議を経て、事実を積み上げながら仮説と検証を進める。
顧客ニーズが多岐にわたって専門化していく中、一部の人間だけの経験値や感性だけで、価値ある商品開発を成功させることは奇跡に近い。衆知を集め、しかし責任を持って〝独裁〟する開発マネジメントが必要である。

2カ月目				3カ月目				
1週目	2週目	3週目	4週目	1週目	2週目	3週目	4週目	
STEP Ⅱ　サンプル品試作・評価				STEP Ⅲ　最終商品づくり				
(4)試食調査	(5)サンプル品修正		(6)商品化最終決定	(7)最終商品試食	(8)販売準備		(9)最終確認	(10)販売開始
・サンプル品試食調査（味・量・見た目・形状・価格など） ・アンケート分析 ・形状、内容量の検討	・販売計画立案 ・ネーミングの検討 ・販促コンセプト、ツール検討 ・パッケージ検討			・最終モニター調査、まとめ（ネーミング、購買意欲など） ・販売・利益計画決定 ・販促ツール（商品案内、メニュー提案等）手配、作成 ・パッケージ決定、手配		・営業企画と連携し、販促物を市場投入		
	・サンプル品修正 ・目標品質・レシピ・原価計算・生産工場・原料の設定 ・工場との打ち合わせ ・完成			・工場との最終調整 ・型作成 ・ラインテスト ・最終原価決定 ・生産体制手配		・量産体制		
・販売チャネル選定 ・マーケットニーズ収集 ・サンプル品による顧客情報収集、需要評価				・販売チャネル決定 ・販売ターゲット先リストアップ ・販売・利益計画決定		新商品説明会	・販売準備 ・商品強みシート	

【図表14】食品メーカー開発業務フロー事例（3ステップ10業務）

項　目	1カ月目			
	1週目	2週目	3週目	4週目
全体スケジュール	STEP I　ニーズ調査・コンセプトメーク			
	(1)ニーズ分析	(2)コンセプトづくり		(3)新商品開発テーマ評価
事業推進部	・モニター調査 ・トップの指示などにより商品シーズを抽出	・コンセプトシーズ出し ・ブレーンストーミング	・担当者決定 ・商品コンセプトシート作成 ・ライバル商品調査	
研究室			・サンプル品試作 ・工場下打ち合わせ（技術・生産設備評価） ・原価試算	
営業企画部				

⑥開発マネジメント一二フェーズから見た自社点検

開発マネジメントは、【図表15】に示すように、一二のフェーズを踏んで行う。大きくは「現状認識」「仕組みづくり」「即改善実行」「継続的仕組みづくり」の四段階によって進めていく。開発は往々にしてトップ主導型になりやすく、開発体制を組んでも各担当者の役割が生かされず、一人の経験値や感性にのみ頼った開発になりがちである。そこで、自社の開発の現状を開発方針や開発実績、開発フローなどからチェックし、あらためて自社のビジョンや戦略に基づく開発体制を確立すべきだ。

(2) 魅力ある商品開発

食品の商品開発においては、味、香り、素材感、色彩、舌触りといった「おいしさ」を決める官能要素に加え、パッケージやコンセプト、ネーミングなども加味して総合的に捉えることで、ほかにない特徴をつくることができる。これらを自社の核技術として構築することが、魅力ある商品開発には欠かせない。

①「おいしい」という核技術――おいしさの数値化による固有技術づくり

主観的なものである味覚を、客観的な数値として目に見える形で捉える。具体的には、甘味・

【図表15】開発マネジメント12フェーズ

フェーズ	項目		内容	チェックポイント
第1	現状認識	現状認識1	開発方針と開発体制の確認	現在の商品開発の位置付け・方針 ①開発の起点 ②開発目標 ③開発コンセプト ④開発体制と部門連携
第2		現状認識2	開発実績と商品開発貢献度と現在の開発推進状況の確認	開発実績の確認 ①開発数と開発期間 ②素材・技術・製法別開発実績 ③チャネル別開発実績 ④新商品売上高寄与率
第3		現状認識3	開発フローとチェックポイントの確認	開発マネジメントの確認 ①確認フェーズ ②開発業務フロー ③フェーズ別業務の棚卸し ④推進フォーマット
第4	仕組みづくり	開発体制	ビジョン・戦略に基づく開発体制の役割と体制の決定	①戦略に沿った開発の方向性 ②開発目標と方針の確定 ③開発体制と役割の決定
第5		開発フロー	開発マネジメント手法の確立	開発フローの設定 ①ニーズ調査、コンセプトメーク ②サンプル品試作・評価 ③最終商品づくり
第6		開発再評価	開発成果の把握とレビュー	実績管理と改善推進 ①量産化による収益貢献実績 ②開発商品のライフサイクル ③開発商品のスクラップ&モデルチェンジ
第7	即改善実行	開発フローの運用	開発3ステップ10業務への落とし直し	ステップ業務ごとの内容決定と使用シートの標準化
第8		開発推進の見える化	開発業務の推進徹底と進捗状況の見える化	ニーズ分析から販売開始まで重点管理項目の決定と発信
第9		開発マネジメント1	仕入れ・開発・生産・営業	開発推進検討会の実施 商品戦略会議の実施
第10	継続的な仕組みづくり	開発マネジメント2	実施・推進状態の確認	月次・四半期の開発成果の確認
第11		開発フローと商品評価	評価制度の確立	チェック体制の構築による評価制度の策定
第12		開発業務フローの見直し	開発3ステップ10業務の効果確認と改善	社内連携と情報共有化、連携の強化

酸味・塩味・苦味・うま味という基本五味（酒の場合は甘味・酸味・辛味・苦味・渋味）に加え、口に含んだ瞬間の「先味」と飲み込んだ後の「後味」に分けて数値化する。さらに自社商品のおいしさとライバル商品を比較し、どういった特徴を持つ商品にしていくかの判断基準をつくり上げることができる。

例えば、ある飲食品メーカーは、研究開発のコンセプトを「おいしさの科学」に置き、消費者が感じる「おいしさ」を数値化し、その根拠成分を特定して商品化につなげている。具体的には、消費者に味を少しずつ変えた製品を試食させ、点数を付けてもらい、評価の高い製品について社内の専門評価員が風味を数値化。そこから消費者がおいしいと感じる風味の傾向を明らかにし、それを構成する味成分を分子レベルまで徹底して分析している。

②素材本来の味わいをつくり出す製法技術の探求

素材本来の味や機能を損なわないノウハウを構築する。例えば食塩なら、能登の揚げ浜式製塩のように伝統的な製塩方法がある。海水を塩田に揚げるという重労働（揚げ浜式）の繰り返しにより塩分濃度を上げて結晶化させた塩は、昔ながらの味わい豊かなうま味が特徴である。

また沖縄県の粟国島にある沖縄海塩研究所の『粟國の塩』は、ポンプでくみ上げた海水を高さ一〇メートルに積み上げたブロック（立体タワー式塩田）に通し、タワー内に吊るされた約一・

五万本の竹に何度も流して塩分濃度約五倍のかん水をつくり、それを天日や平釜で塩に結晶化させている。それによって豊富なミネラル含有量と、うま味や甘味など塩本来の味わいを保持している。このように素材本来の味を保つ製法を構築することも、商品開発では重要である。

また、だしメーカーJ社は、化学調味料を使わないうま味・こく味を提供できる技術をもとに、外食産業や食品メーカーに対し「だしのコンサルティングサービス」を展開している。具体的には、ターゲット顧客（外食業、メーカー）の開発担当者を対象とした勉強会を開催し、従来は化学調味料でしか実現できなかったうま味・こく味を自社の実績臨床データから提案。製品レシピも企画するなど、ニーズ解決型の商品開発を推進している。

③手づくりや出来たてを提供できる生産技術・体制の確立

量産化や安全・安心を担保する工場づくり、品質管理の行き届いた生産体制を展開するだけでなく、例えば、シェフこだわりの手づくり感や、工場直送（二四時間以内の配送）の出来たて感による製品づくりも重要である。セントラルキッチン（集中調理施設）から現場の店内調理への切り替えを進め、「焼きたて」「揚げたて」「蒸したて」などの〝熱々価値〟を打ち出す。これには、製造と販売・飲食現場の時間距離の最適化を視野に入れた商品開発、すなわち、時間経過によって劣化しにくい風味・鮮度の維持や、賞味期限の長期化を図る加工技術（冷凍技術や急速低温冷蔵など）といった体制づくりが求められる。

第5章

ファーストコールカンパニーの成長戦略事例

朝日酒造

成熟衰退マーケットで久保田ブランドを開発

〜売らないマーケティング〜

厳しさを増す清酒市場で活路を模索

朝日酒造（新潟県長岡市）は、日本酒という成熟・衰退しつつあるマーケットにおいて、高収益を生み出すブランド開発戦略に長けた企業である。

和食文化は世界中で評価されつつあり、それに伴い日本酒も脚光を浴びている。ところが、日本の酒類マーケットは厳しい状況から脱していないのが現状だ。酒類全体の製成数量は、国税庁の調べによると一九九九（平成一一）年度の九五八・五万キロリットルをピークに、二〇一三（平成二五）年度は八〇一・五万キロリットルまで減少している。清酒はさらに厳しい状況にあり、一九七五（昭和五〇）年度の一三五万キロリットルをピークとして、二〇一三年度には四四・四万キロリットルまで減少している。三分の一以下にまでマーケットは縮小しているのである。

しかもディスカウントショップの普及に伴い価格の低下も続いており、ほとんどの蔵元が赤字経営を強いられているのが現状だ。そんな中、朝日酒造は「値引きを一切しない酒」という独自のブランド戦略でシェア一・二％を獲得するとともに、海外への輸出にも積極的に力を入れることで、成熟衰退マーケットの中で勝ち残っているのである。

朝日酒造は、江戸時代の一八三〇（天保元）年に創業し、一九二〇（大正九）年に法人化を果たした老舗企業だ。同社が本社を構える長岡市は雪が多い地域である。積雪による安定した低温は、清酒造りに欠かせない微生物（麹菌《こうじ》や酵母など）に最適な環境をつくり出し、雑菌の繁殖も抑制する。また雪は大気中のチリやホコリを包み込み、空気を浄化する作用がある（『改訂版 新潟清酒ものしりブック』新潟日報事業社）。まさに良い日本酒を醸造するにはうってつけの土地である。

同社は、かつて『朝日山』のブランドほぼ一本で地元酒販店を中心に販売し、売上高の九八％を占めていた。ところが一九八〇年代に入ると、ディスカウントショップなどが台頭し、清酒にも価格破壊の波が押し寄せた。

そんなとき、「高品質なお酒を全国のお客さまに」という思いで「値引きされない商品をつくる」「新しい商品を新しい流通で売っていく」という戦略を立案し、それまでの方針から転換を図ったのである。

高品質で淡麗辛口の『久保田』の誕生

新潟県の蔵元でも、「幻の酒」と人気を集める高品質の商品はあった。しかし、あくまで「幻」であって、常に品薄の状態。それでは顧客の手に届かない。そこで「高品質の酒をきちんと供給することが、全国の顧客に新潟の清酒の良さを理解してもらうことにつながる」と考えたのである。

そうした考えから、一九八五（昭和六〇）年に誕生したのが『久保田』だ。久保田のブランド名は、創業当時の屋号「久保田屋」から命名した。それは、革新的な技術向上や単なる技術的改善ではなく、全社員の視野や考え方を変革し、創業時の気持ちに立ち返るとの思いが込められている。一からブランドをつくり上げる挑戦であり、失敗すればつぶれてしまうとの危機感を強く持っていた。

久保田の味は淡麗辛口。従来は甘口で濃厚な味の酒が好まれていた。それは農業や工場に従事する肉体労働者が清酒の顧客層であったためだ。しかし、肉体労働から頭脳労働へと仕事の質が変化する時代であり、すっきりと飲めて飲み飽きない酒が好まれると考えたのである。「水のように飲める淡麗辛口」を実現するため、原料米をじっくりと磨き精米歩合を上げる。低温発酵で、きめの細かい酒造りを行う。従来の酒造りのワンランク上をいくよう、そして低カロリー食や減塩食が好まれる現代社会に適した、あっさりとした酒となるよう取り組んだ。

また、酒の質は原材料を超えられないとの考えから、地元の農家と契約を結び原料米を厳選している。社員もコメづくりに参加し、農家とコミュニケーションを図っている。

瓶に貼るラベルは、創業当時は徳利で酒を販売していた原点に立ち返るため、創業時の品格にふさわしく素朴でありつつも重厚感のあるものとした。楮《こうぞ》を原料とした和紙に、書家による揮毫《きごう》の格調高いラベルとなっている。

久保田のブランドは、『千寿』『百寿』から、『萬寿』『碧寿』『紅寿』『翠寿』『生原酒』と多彩に展開。多くの日本酒ファンから愛されるブランドへと成長したのである。

売り方・売り先にもこだわる

新たに創造した久保田のブランドは、売り先にもこだわった。従来の流通に乗せるのではなく、販売店に直送する形態とした。しかも、その販売店はこだわりの店舗づくりをしている酒の専門店のみ。値引きされない商品として、取扱店を絞り込んだのである。

取扱店の選定基準は、店主の人柄や説明能力、値引き販売をしていないこと、店舗の清潔さ、地域で認められる店舗であることなどに加え、明るくて元気な奥さんがいる店とした。それは、「明るくて元気な奥さんがいる店は生き残る」と確信していたからだ。

そうして久保田の取扱店は発売当初、地元の新潟県内においても一七〇店にまで絞り込まれた。蔵元が販売店を選別する手法は、多くのクレームを呼んだ。しかし、全店を回って理解を求める中で、次第に全国にファンを生み出すこととなった。

久保田はメーカー直送方式であり、受注生産方式を採用している。酒販店から一年分の注文書をもらってから製造するため、一年前に需要予測ができるようになった。そして酒販店と経営計画を一緒に作成し、将来像を明確にするよう取り組んだ。酒販店の育成が、久保田ブランドの成長につながったのである。

また、朝日酒造は酒という「モノ」だけでなく、付加価値を高める「コト」づくりも積極的に行っている。本社の事務棟とボトリング工場の間にある幅九メートル、長さ九〇メートルのエントランスホールを活用し、コンサートなど顧客との触れ合いを重視したイベントを積極的に開催。創立者の平澤與之助氏が昭和初期に斬新な意匠を凝らして建造した邸宅「松籟閣《しょうらいかく》」（国登録有形文化財）でも、見学だけでなく茶会、展示会、寄席など多様なイベントを行っている。そのほか里山と田に囲まれた自然を存分に生かしたイベントを開催しているほか、自然保護の取り組みを積極的に行うことで顧客とのつながりを強めているのである。

同社は、『久保田』や『越州』といったこだわりのブランドによる清酒の品質を追求する一方で、「全国久保田会」「久保田塾」といった販売組織を構築し、また消費者が酒を飲む「愛飲者の会」を全国で開催するなど、ファンづくりに力を注いでいる。さらに、もみじの苗を地元の中学生に記念樹として贈呈する「越路もみじの会」などの社会貢献活動も積極的に行っている。酒の製造というモノづくりに加え、さまざまな取り組みによって「コト」を生み出し、企業ブランドを高める施策を打ち出すことでファンの裾野を拡大している。

レビュー

大量生産・大量消費の時代は終わり、現代はこだわりの一品が注目されるようになっている。こだわりの一品は、必ず商品の背景となる物語が明確に示されている。そして付加価値を存分に生かすためのファンづくりも徹底して行われているケースが多い。そういった取り組みは、大量の物量や宣伝費では大手企業に勝てない中堅・中小企業が採るべき戦略でもある。

朝日酒造は「一％戦略」を打ち出している。それは、「どんなに良い酒でもすべての人が買ってくれるわけではない」という考えに基づき、一〇〇人のうち一人が朝日酒造ファンになれば十分にやっていける体制

会社概要

朝日酒造株式会社

〒949-5494 新潟県長岡市朝日880-1■TEL：0258-92-3181■創業：1830（天保元）年■資本金：1億8000万円■従業員数：183名（2015年4月現在）

としているのである。「売らないマーケティング」、つまり、無理をして売らないという考え方だ。すべての人に売ろうとするから苦労するのであって、これは、大量消費を追求すれば価格決定権は流通・小売業が握ることになるという、過去の苦い経験から学んだ結果である。限定チャネルで販売することによって、供給量や価格のコントロールに成功していることが、大きな強みとなっている。

朝日酒造は、ブランドを高めるために徹底した品質の追求を行うと同時に、ファンづくりも幅広く展開している。また、運命共同体となる酒販店の育成にも余念がない。常に蔵元と酒販店、消費者の顔が見える身近さでファンの深掘りを行っているのである。そうした多彩で重層的な取り組みが、厳しさを増す日本酒マーケットで生き残る戦略になっている。

オタフクソース

ミッション（使命）は「理念に基づく社会貢献」
～コトの提案で食卓満足を～

お好み焼き店とともにソースの味を磨く

オタフクソース（広島市西区）は、ソースメーカーとしては後発であるものの、お好み焼きの普及活動を積極的に展開することで拡大を遂げてきた。今や「お好み焼き＝オタフクソース」と言っても過言ではないくらい、パッケージや味が消費者に強く浸透している。ソースのマーケット（二〇〇九年度）は約六二〇億円の規模があるが、同社は主要大手メーカーのウスターソース類の生産量のうち約二三％を占めている。

同社は、一九二二（大正一一）年に酒・醤油の卸小売業「佐々木商店」として創業した。その後は醸造酢の製造を手掛け、一九五〇（昭和二五）年にはソースの製造・販売をスタートさせた。そして一九五二（昭和二七）年に『お好み焼用ソース』を発売。さらに『焼そばソース』『たこ焼ソース』など、いわゆる「こなもの」食品にマッチした多彩なソースを世に送り出してきた。売上構成比は、ソース六割、酢一割、関連商品二割、その他タレなど一割となっており、主力商品のソースはもともと業務用が一〇〇％だったが、一九五七（昭和三二）年に家庭用を発表し、徐々に家庭用が伸びて現在は五〇％近くにまでなっている。工場は国内三カ所、二〇一三（平成二五）年には中国・青島と米国・ロサンゼルスでも製造を始め、全国二〇カ所以上の営業拠点を設けている。

同社の歴史は、お好み焼きと不可分の深い関係がある。ソースの後発メーカーであるため、当初なかなか卸問屋や小売店に扱ってもらえず、市場に食い込むことは容易ではなかった。しかしそこで諦めるのではなく、味を知ってもらおうとお好み焼き店などを訪問する営業活動を行った。そこでソースに対する意見を聞き、お好み焼き店とともに「お好み焼きに特化したソース」をつくり上げたのである。

多彩なお好み焼きの普及活動を展開

同社が積極的に行っているお好み焼きの普及活動は多種多様だ。まずお好み焼き教室や研修センターでの開業支援研修、キャラバンカーでの活動、各種イベントへの参加により、お好み焼きを食べてもらう取り組みを行っている。お好み焼き教室には年間約一万人が参加し、キャラバンカーでは年間約二、三万食以上を提供する盛況ぶりだ。また、工場見学の実施とお好み焼き情報の発信施設として「Ｗｏｏｄ Ｅｇｇお好み焼館」を設立し、学校関係の見学も大幅に増加している。

店頭での取り組みとしては、モノ（商品）を組み合わせることで、コト（食卓満足）を提案するため、消費者にはメニュー情報の提供、店舗にはお好み焼きの特性を生かした買い物点数のアップを提案している。また、小売店の店頭販促として移動式屋台による試食販売を実施し、各小売店・メーカーと連携した野菜やビールなどとの企画を展開。さらに、お好み焼き店向けに全国各地でメニューや情報を紹介する「お好み焼提案会」の開催、お好み焼きの関連商材を開発する企業の設立、お好み焼きの啓蒙活動のため『オコロジー』などの書籍の出版などといった、多様な活動を行っている。

これらの活動の目的は、お好み焼きという魅力ある食文化を広めることで共通している。同社は、全社員がお好み焼きの調理方法を習得する必要があると考えており、社長も含めた全国の社員が一年に一回は、販売店の店頭に立ってお好み焼きなどのデモンストレーションを行っている。実演することでお好み焼き文化を普及する重要性を、全社員が実感しているのである。そうした多彩な取り組みが、お好み焼きの味の決め手となるソースの需要を掘り起こしている。

また原料にこだわり、原料履歴や生産履歴を完全に把握するトレーサビリティーの仕組みを整備し、食の安全に対する取り組みにも積極的である。原料の産地にも同社の幹部が足を運び、農場との信頼関係を築くなどし、品質を確保している。

商品開発にも力を入れ、メーカーや外食産業などの要望に応えるオーダーメード品の開発を行い、そこから得たノウハウなどを、採算性・生産効率の高い自社ブランド商品の開発に生かしている。また、日々「お客様相談室」に寄せられる消費者の声も全社で共有し、常に改善に取り組み、開発にも役立てる。

同社は、販売（プッシュ活動）と普及（プル活動）の両方を大切に考えている。そのため、営業・販促活動も積極的に行いながら、工場見学やＷｏｏｄ Ｅｇｇお好み焼館の運営などでエンドユーザーの好感度向上やファンづくりにも余念がない。また、環境保全の取り組みとして、エコなお好み焼き（余った食材でつくるお好み焼き）によって、一カ月に一度は冷蔵庫の棚卸しを行って食料廃棄を減らそうという提案なども行ってきた。ご当地調味料をシリーズ化し、地域活性化への取り組みにも力を入れるなど、お客さま志向を追求するさまざまな取り組みで親しみやすさを生み出し、ファンづくりにつなげているのである。

日本の良さを見直す経営思想

オタフクソースの数々の取り組みを支える経営思想として、決算書を最重視する従来型の指標を見直し、自社独自の価値観を生み出していることが挙げられる。従来の指標とは、貸借対照表と損益計算書による予算・実績管理であり、利益や効率、労働流動性、仕組み・システム、標準化・マニュアル化、グローバルスタンダードなどに重きを置いたもの。それに対する見直し指標とは、三方良しや価値、手間暇・こだわり、終身雇用、社風などに重きを置いたものだ。

日本人の島国ゆえの思いやりや「縁・恩・義理」など目に見えないもの、測れないものに価値を見いだす能力、豊かな自然との共感・共生・調和を重んじるような特性は、「メード・イン・ジャパン神話」や「ジャパニーズ・オリジナリティー」というような日本の良さを生み出す大切なもので、それを踏まえた指標が必要であると考えている。そして経営戦略ではなく、ミッション（使命）を重視する経営へと方向転換を図っている。

理念に基づき、自社と縁のある企業やすべての人々、つまり取引先・仕入れ先・企業・流通・市場・社会・環境といった四方八方を見ながらバランスを図るアプローチも重視。そして社会に対する貢献を、実務の中で行うことを大切にしている。つまり、利益を追求すると同時に社会貢献を行うとの考えが、地域の活性化や食育につながるお好み焼き文化の普及として表れているのである。

同社はこれらの考え方をベースとして、社内の教育制度を整備している。役職など階層別に教育を強化しており、そのタテの教育とヨコの専門・部署別の教育をどうつなげるかを課題としている。特色のある教育制度として、まず、新入社員研修の一環である「キャベツ農場研修」がある。キャベツを栽培することで、お好み焼きの材料として欠かせない食材に対する知識を蓄積することが狙いだ。

また、昇格者を対象にした研修として「無人島研修」が行われている。トイレの設営から箸などの食器づくりまで、すべて自分たちで用意しなければならないというもので、当たり前のように食事ができる豊かな生活とのギャップを感じてもらうとともに、社会が助け合いで成り立っているという原点に気付いてもらうことを目的としている。

社内のコミュニケーション強化にも取り組んでいる。社内報をウェブ版から紙での発行に戻し、社員間のコミュニケーションツールとして再活用を図っているほか、本社での朝礼の内容をデータベース化し、いつでもどこでも見られるようにしている。また、全社員を広島に集めて行う方針発表会や社員総会は、重要な社内行事として位置付けられている。定期的に、社員研修旅行やチャーターフェリーで行く家族を交えたバーベキュー（社員とその家族が約二〇〇人参加）も実施しており、福利厚生とともに社員が交流を図る場を提供している。

そのほか、出産・育児休暇を充実させるとともに、育児手当・家族の入学祝いなども整備。事業所内保育園も設置するなど、少子化社会に対応し、女性がその能力を存分に生かして働ける場の提供にも腐心している。

レビュー

オタフクソースはミッション（使命）を「理念に基づく社会貢献活動」とし、将来にわたっての社会・経済的課題に、メニューや調味料の開発・提案など本業を通して貢献するための取り組みを続けている。それが最大の特徴である。お好み焼き文化の普及を軸にした、原料からこだわった安全・安心なソースの提供につながっているのだ。そのために、消費者の声を聞き、それを商品開発に反映するとともに、五〇〇〇種類以上も蓄積してきたレシピから魅力ある商品を生み出す。そして何より、「ソースを売る」という概念ではなく、魅力あるお好み焼きに親しみを持ってもらい、生活の中に浸透させることに注力してきた。つまり、モノ（商品）だけでなく食卓満足というコトを大切にする考えが、成長を支えているのである。

また、日本人の特性を踏まえた三方良しや手間暇・こだわりを重視するとともに、出産・育児休暇制度の充実や終身雇用、社員の教育体制など社内の体制も整備。そして全社を挙げて「お好み焼き文化を広める」ため、各種イベントなどでの直接コミュニケーションを図ることで、ブ

会社概要

オタフクソース株式会社

〒733-8670 広島市西区商工センター7-4-27■TEL：082-277-7111■創業：1922（大正11）年■資本金：1億円■従業員数：572名（グループ計、2014年10月現在）

ランドよりもファンづくりを行ってきた。非効率でありながらも、地道な普及活動が固定ファンを強固にするという成長モデルになっているといえよう。

柿安本店

「らしさ」を追求して商品を進化
〜業態を創造する「業態開発モデル」〜

牛肉のノウハウを基点に多角展開を図る

柿安本店（三重県桑名市）は、創業が一八七一（明治四）年と一四〇年以上の歴史を持つ老舗企業である。もともとは桑名の地で創業者の赤塚安次郎氏が果樹園を営んでおり、柿が評判だったことから「柿の安っさ」と呼ばれていた。その名を、牛鍋屋の開業時に屋号とした。創業から長い間、牛鍋屋を営む地方の料亭として「おいしいものをお値打ちに提供する」との経営理念の下、一九六八（昭和四三）年に法人化。その後、多角展開を進め、精肉事業・惣菜事業・レストラン事業・和菓子事業・食品事業という五本の柱を軸に全国展開を行う総合食品企業となった。一九九七（平成九）年にはジャスダックに上場を果たしている。

現在は、洋惣菜の『柿安ダイニング』、中華惣菜の『上海デリ』、和菓子の『柿安口福堂』『柿次郎』、しゃぶしゃぶ・日本料理『柿安』、ビュッフェレストラン『三尺三寸箸』など、多彩なブランド展開により、売上高が約四三四億円（二〇一五年二月期、連結）の規模にまで成長。販売チャネルは百貨店、量販店、商業施設、駅ビル、高速道路のサービスエリアなど多彩な店舗展開を行っている。

同社の最大の強みは、ブランド牛肉として名高い松阪牛を知り尽くしていること。松阪牛の取扱シェア一一％を誇り、牧場・加工工場から販売まで展開する製販一括体制を採っている。そして多様な事業展開とともに、外食（レストラン）、中食（惣菜）、内食（精肉小売）という三つのシーンすべてで「食」を提供し、北海道から九州まで三二二店舗（二〇一四年）を持っていることも、大きな強みになっているのだ。

同社が現在のような多角的な事業展開を行ったのは、長い歴史の中でも最近のこと。それまでは牛鍋屋を軸としており、一九七〇年代に『牛肉しぐれ煮』を販売し、八〇年代には精肉の加工センターも新設。長年培ってきた精肉事業のノウハウをメーンに据えた事業展開で順調に成長し、株式上場も果たした。ところが大きな危機が突然やってきた。二〇〇一（平成一三）年九月に発生したＢＳＥ（牛海綿状脳症）問題だった。これにより牛肉産業は壊滅的な打撃を受けた。同社の売上高は対前年比で七五％まで落ち込み、創業初の赤字決算となった。

その危機的状況から脱することができた要因として、女性の社会進出などにより、今後さらに中食市場が盛り上がると判断し、女性が好む野菜をメーンとした惣菜事業の出店を二〇〇二（平成一四）年に加速化させたことが挙げられる。惣菜はそれまでも精肉店で取り扱っており、徐々にノウハウを蓄積しつつあった。新事業への展開が必要になったとき、野菜をふんだんに使った惣菜が時代のニーズに合っていると確信し、そこへ大きく舵を切ったのである。その結果、惣菜事業は売上高の三〇％を占めるまでに成長した。また、代表取締役社長の赤塚保正氏は和菓子事業にも注力。これも『名物 おはぎ』をはじめ、店頭で最終仕上げをするスタイルが人気を博して、大きな事業の柱になった。牛肉をメーンに据えた事業展開から脱するために行った多角化戦略は、危機的状況を打破するだけでなく、同社を再び成長軌道に乗せることとなった。

ところが、多角化戦略は「柿安とは何の会社か」という焦点を曖昧にしてしまうとの危惧を赤塚氏は抱いた。「柿安の良さ」をあらためて考えてみると、やはり創業の原点であり、同社を支え続けてきた牛肉に行き着いたのだ。ここから、牛肉を使った看板商品をつくろうと開発に取り組み、誕生したのが『黒毛和牛 牛めし』だ。

お値打ち感の追求で大ヒットした「牛めし」

『黒毛和牛 牛めし』は、二〇一四（平成二六）年四月末に累計八〇〇万食を突破した看板商品だ。松阪牛をはじめとした精肉の生産・加工・販売という長年にわたって培ってきたノウハウを存分に生かすとともに、惣菜事業で大きなウエートをなす弁当に焦点を当てるという、多角展開で獲得したメリットをうまくミックスさせた。

牛肉をふんだんに使用したボリューム感と、牛鍋屋開業時の〝わりした〟をベースにして進化させた、素材の良さを最大限に引き出す秘伝のタレの味、それに加えて一三〇一円（税込み、二〇一五年八月時点）という価格。そのバランス感覚が、顧客視点に立った価値を創造しているといえよう。価格設定の際には綿密な調査を行った。市場調査をすると、ブランド牛を使用した弁当は一八〇〇円から二五〇〇円の価格帯が主流であり、ノンブランド牛なら一五〇〇円程度。そこに、黒毛和牛と松阪牛を使った牛めし弁当をお値打ち価格で販売したのである。牛肉の製造から販売まで一貫した体制を整えていることが、他社にはない圧倒的な差別化要因となって、「お値打ち感」を生み出している。

また、料理人が店内厨房でつくった弁当を提供していることも、大きな強みとなっている。セントラルキッチン（集中調理施設）方式の弁当とは違い、「つくりたて」のおいしさを顧客に楽しんでもらえるのだ。

牛めしは二〇〇七（平成一九）年に味の統一化を図り現在の形で販売をスタートし、初年度で一〇〇万食、一〇億円もの売上げを達成。しかし大ヒットに安住するのではなく、味・ボリューム・付け合わせなどを毎年リニューアルして進化を続けている。パッケージにもこだわっており、シーズンごとにデザインを変更して常に新しさを訴求している。そうした顧客視点で「お値打ち感」を追求する姿勢が、はやり廃りの激しい食品業界においても強いヒット商品たらしめているのである。自社の持つ経営資源をうまく活用し、顧客の想像を上回る高付加価値を提供したことが、他社の追随を許さない大ヒットに結び付いた。柿安にしかできない柿安らしい商品が、支持されている。

商品や業態の開発と人材開発が鍵

牛めしの大ヒットを受け、野菜をメーンとしてきた惣菜店でも牛めしを販売して売上げを向上させた。惣菜店の展開から一〇年近くが経過し、新たな看板商品の必要性が高まっていた時期であっただけに、カンフル剤となった。野菜中心の惣菜に牛めしを投入することで、店舗効率を向上させて生産性を高めた。このことは、「売れるテナント」を重視する百貨店の要請に対応できる店づくりにつながり、さらに牛めし弁当の専門店を生み出すことにもつながった。

和菓子事業も同様に、ラインアップを広げて一つ一つのおいしさを追求したり、年間売上げを六五億円規模にまで成長させた。ほかにも、惣菜店に寄せられた「店内で食べることはできないか」という要望や、しゃぶしゃぶ店で聞いた「好きなものを好きなだけ食べたい」との声から、女性向けに野菜をメーンに据えたビュッフェ形式のレストラン『三尺三寸箸』を構想。ビュッフェの業態は洋食や中華が主流であり、手間のかかる和食を主力とした店舗はないとの調査結果もあり、野菜と和食を中心に、洋食も中華もデザートも楽しみたいという顧客のニーズに合致することとなったのである。

また商品開発や業態開発とともに重視しているのが、人材開発である。赤塚氏は人材の材を「財」とし、人財育成に力を注いでいる。良い商品があっても、販売員が売ろうと思わないと売れない。一方、どんなに売りたいと思っても、売る仕組みがなければ売れない。そして心＝気持ち＝モチベーションを高めるために必要なのは、経営者とスタッフの対話だと考えている。幹部社員を本部に集めて直接、経営者の思いを伝える。店舗スタッフには、二カ月に一回発行する社内報で幹部会の様子や社長のメッセージを伝えている。

また、販売方法や陳列方法を教育する全社を挙げての料理・販売コンテストなどを開催して技術の向上にも努めている。

自分たちが考える良い商品を、売れる商品にするためには、現場を知り顧客を知って、的確な判断をすることが欠かせない。机上でいくら考えてもうまくいくわけではない。また、現場には商品のヒントがあり、「宝探し」の場であると赤塚氏は話す。

レビュー

柿安本店は、松阪牛という世界的に知名度の高いブランド牛を原点として、多彩な業態開発に取り組んできた。牛肉の生産・加工・販売の垂直統合型の一貫体制の構築と、外食・中食・内食という食の三分野を横断的に展開した業態開発が成長モデルとして挙げられる。

さらに、柿安ブランドを基点とした味・ボリューム・価格のバランスを図ったお値打ち感を創出する商品開発、百貨店・商業施設・量販店・駅ビル・高速道路サービスエリアなど業態別店舗展開、女性をメーンターゲットにした惣菜やレストランなど伸びる需要層の選択といった、「勝てる場」を発見してきた。また、五事業を展開し多角化することでリスク分散を図るだけでなく、惣菜事業で大ヒットした「牛めし」を投入して店舗効率や生産性を向上させるなど、「成長戦略の方向性」も明確に

会社概要

株式会社柿安本店

〒511-8555 三重県桑名市吉之丸8■TEL：0594-23-5500■創業：1871（明治4）年■資本金：12億6923万円■従業員数：3445名（パート・アルバイトを含む、2014年4月現在）

してきた。そして「柿安にしかできない」「柿安らしさ」を追求して商品を進化させ、新たな業態を展開させる商品チャネル政策と品質・コスト・デリバリー政策を組み合わせて「勝てる条件づくり」を行ってきたのである。

こういった成長モデルをシステム化するとともに、人財育成を重視。老舗の伝統と新たな成長をもたらす革新を常に追求している。その背景には、「おいしいものをお値打ちに提供する」という経営理念がある。これらの要因が、柿安本店の成功を支える原動力になっているのだ。

久原本家グループ本社

モノ言わぬモノにモノ言わすモノづくり
～高付加価値ブランドを構築～

醤油醸造からタレのOEMを展開

久原本家《くばらほんけ》グループ本社（以降、久原本家）は福岡県糟屋郡久山町に本社を置く、一八九三（明治二六）年に創業した一二〇年を超える歴史を持つ老舗企業だ。醤油蔵を原点とし、ギョーザや納豆のタレ、ドレッシング事業を展開するほか、素材にこだわった高級な明太子へも進出。

さらに無添加の調味料事業につながる自然食レストラン『茅乃舎《かやのや》』を立ち上げ、通販事業や商業施設に直営店を展開している。二〇一五（平成二七）年六月期のグループ売上高は約一六三億円で、従業員数が八五〇人超の規模である。

社名の「久原」とは、発祥の地である福岡県久原村（現在の久山町）からとったもの。創業者の河邉東介氏は、初代の久原村村長を務めていた。村長の在任中に醤油醸造業を開業したのが始まりである。村長であった東介氏は、田畑など私財を投げ打って村の発展に力を尽くした人物。その姿を見た村民は恩返しとして募金活動を行い、その資金をもとに創業に至った。その後、戦前には朝鮮半島や旧満州に醤油を出荷し、事業を大きくした華やかな時代もあったが、戦後は販路が途絶えて厳しい時代を迎えることとなった。時代とともに事業の拡大・縮小を繰り返しながらも、日本古来の醸造技術と伝統の味を守り続けてきたのである。

しかし醤油の製造販売だけでは、福岡県内にも大手企業があるため競争は厳しいものがあった。そこで醤油を原料としたタレの製造を思い付く。醤油を小袋詰めする機械は以前から導入していたことから、それを生かしてギョーザ用のタレを製造したのである。取引のあったギョーザ店に小袋詰めのギョーザタレを提案し、採用された。一九七〇年代半ばには、ラーメンスープやドレッシングなどのＯＥＭ生産を展開。ちょうどインスタントラーメンやギョーザ、鍋のスープがスーパーマーケットで普及するタイミングでもあり、市場は大きく拡大した。そして醤油をベースとしながらも、多様な味づくりの経験を積み重ねることとなった。この味づくりに対する確かな技術が認められ、OEM事業はどんどん拡大したのである。

こだわりの明太子と『キャベツのうまたれ』がヒット

OEMによって売上高は大幅に伸びることとなったものの、将来を保証するものではないとの懸念を持ち、自社ブランドを持つ必要性を感じることとなった。しかし、自社商品を開発し、自力で販路を開拓し、新たなマーケットに参入することは簡単ではない。そこで着目したのが、明太子であった。一九七五(昭和五〇)年に山陽新幹線が博多まで全線開業し、博多の味であった「辛子明太子」は全国的なブームとなった。久原本家が明太子の販売に乗り出したのは、一九九〇(平成二)年である。博多では最後発メーカーであるため、原材料にこだわりブランドづくりに力を入れた。

明太子の原料は、同業他社は輸入卵に頼っているのが現実だ。しかし久原本家は、北海道産のスケトウダラの希少な卵を使用。たらこ本来のうまみや食感を十分に生かすとともに、タレのOEMで培った味づくりのノウハウを投入し、本当においしい明太子づくりにこだわったのである。ブランド名は広告代理店に依頼し、『椒房庵《しょぼうあん》』と名付けた。

原価が高い商品であるため、スタートから九年間は赤字が続いた。また、当初はそのネーミングから料理店と間違われることも少なくなかった。しかし、グルメ番組で取り上げられるなど、本物の味を追求したこだわりは徐々に世間から注目を集めるようになり、現在は福岡の有名ブランドとしての地位を確立するまでになっている。

椒房庵の明太子は、売上規模では業界の一〇位以下に位置するものの、インターネットの情報サイトでのランキングで一位を獲得。こだわりの高級志向という位置付けからギフト商品のトップブランドとなっている。

続いてヒットとなったのが、一九九九（平成一一）年に発売した『キャベツのうまたれ』だ。博多の焼き鳥店では前菜感覚で酢ベースのタレがかかったザク切りのキャベツが提供される。脂がのった肉と酢のさっぱりした味わいが、博多の食文化として根付いている。「これを家庭で気軽に楽しむことができないか」という発想で生まれたのが、キャベツのうまたれである。

博多で評判の焼き鳥店を食べ歩く中で、酸っぱさや醤油の味わい、キャベツを引き立てるバランスといった味の研究を重ねることで開発に成功。発売後は「やみつきになった」「野菜嫌いの子どもがたくさん野菜を食べるようになった」といった顧客からの意見も多数届く人気商品となっている。またキャベツにかけるだけでなく、サラダのノンオイルドレッシングや醤油代わりの調味料としても活用できることにより、福岡だけでなくユニークなご当地調味料として全国に広がっている。

「素材を生かす」というコンセプトで価値を創造する茅乃舎

久原本家が醤油やタレ・ドレッシング事業と明太子の椒房庵事業に加え、第三の柱として手掛けたのが、レストランからスタートした『茅乃舎』ブランド事業だ。創業から二〇〇年は企業が存続する手だてを講じることが自身の役割であると、四代目社長の河邉哲司氏が悩み抜いて手掛けた新規事業だ。同社は、二〇〇三（平成一五）年に社名を現在の久原本家に改称するとともに、営業部門を分社化して「久原醤油」を設立。また、農業生産法人の「美田」も設立し、社内体制の整備に乗り出していった。その流れで、二〇〇四（平成一六）年に地元の食材を守り、食文化を後世に伝える舞台というコンセプトを持ったレストラン茅乃舎を開業したのである。

八〇トンもの茅を使用して茅葺き職人が腕をふるった屋根を持つレストランが、蛍の飛び交う山里に出現。これは田舎道を走るドライバーが、西日本一の茅葺き屋根が突然姿を現すことで感動を覚えるという心理的効果を狙ったものだ。そして、自然食レストランというコンセプトも、壮大な茅葺き屋根から読み取ることができるようになっている。

茅乃舎では、志を同じくする農家がつくった四季折々の素材を生かした料理を提供。和食を中心としながらも、洋食や中華も取り入れたスタイルとなっている。さらに食事だけでなく、料理教室や食の講習会なども開催しており、自然に触れて食のあり方を考える場としても機能している。

そして素材のおいしさを生かすというコンセプトを明確にした茅乃舎ブランドのだしや調味料を販売。これも通販で高い人気を誇るとともに、東京ミッドタウンや東京日本橋、玉川髙島屋、横浜ベイクォーター、大丸札幌店、大丸京都店、大丸神戸店、松坂屋名古屋店、グランフロント大阪、福岡天神の岩田屋本店といった全国の主要百貨店に、次々と店舗を展開している。

東京ミッドタウンへの出店は、成功するかどうか未知数であったため二度の出店要請を断ったものの、最終的には出店を決断。ネットなどで認知が拡大していた茅乃舎ブランドが東京に進出することは、テレビの全国放送などで取り上げられて注目を集め、さらにブランド価値の向上につながった。

目標は本物にこだわる二〇〇年企業

久原本家のものづくりの理念は「モノ言わぬモノに モノ言わす モノづくり」。創業以来、醤油の醸造を原点として常に食に関するものづくりを続けてきた。そのベースに、食を通じてもっと多くの人を喜ばせたいという考えがある。ネット通販を駆使し、その知名度は東京をはじめ全国区となっているが、創業の地に根差して「本物」を追求し続ける会社であることは変わっていない。優れた技術で素材の持ち味を存分に生かし、信頼される品質のものづくりを貫くという基本を愚直に守り通すとの思いが、理念に込められている。

創業二〇〇年を見据えた今、永続することを重視し、二〇〇年企業となるために必要なこととして「本物＋感動＝永続へ」という図式を掲げる。良いモノをつくり、常に価格決定権を持ってダイレクトマッチングをすることが、永続への条件と考えているのである。

レビュー

久原本家の強みは、モノの価値をコトの価値に高めるだけのブランド構築力にある。素材を生かしたものづくりであることを全面に打ち出す、古民家を移設した店舗（久原本家総本店）をつくる、多額の費用をかけて茅葺き屋根の店舗（茅乃舎）を基礎から建築するなど、目に見える形でコンセプトを明確化している。そのコンセプトはネット通販でも存分に生かされ、単なるモノ以上の価値を生み出しているのである。

醤油の醸造からタレやドレッシングのＯＥＭ生産へと事業の柱を移行

会社概要

株式会社久原本家グループ本社

〒811-2503 福岡県糟屋郡久山町大字猪野1442■TEL：092-976-2000■創業：1893（明治26）年■資本金：5000万円■従業員数：850名（グループ計、2015年6月末現在）

させる中で、「本物」を打ち出した高付加価値商品を開発・販売する総合食品メーカーへとたどり着いた。そして顧客も、地元の顧客とOEM先から、ネット通販や店舗展開という販売チャネルの多様化によって全国に拡大。これらの成長は、創業一二〇年を経過して「二〇〇年企業を目指して永続させる」という強い意識から生み出されたものだ。業態開発と商品開発を並行しながら、独自の付加価値を創造することにより、強みを発揮しているのである。

ハイデイ日高

単純化と多能工化でラーメン店を展開
～低価格・駅前一等地・長時間営業～

駅前立地とローコストオペレーションで成長

ハイデイ日高（さいたま市大宮区）は首都圏を中心にラーメン店・中華料理店・焼き鳥店を約三七〇店展開する企業である。現代表取締役会長の神田正氏がまさに裸一貫で一九七三（昭和四八）年に創業してから、ジャスダック上場（一九九九年）、東証第二部上場（二〇〇五年）、東証第一部上場（二〇〇六年）と急速に成長を遂げた。

年商規模は二〇一四（平成二六）年度が約三四四億円（対前期比七・六％増）で経常利益は約四〇億円（同八・五％増）と増収増益であり、営業利益と経常利益はともに一二年連続で過去最高を更新。まさに急拡大を遂げた同社の成長の起爆剤は、駅前立地や長時間営業にこだわった店舗展開や低価格帯のメニュー構成、セントラルキッチン（集中調理施設）によるローコストオペレーションの徹底など、神田氏が次々と打ち出してきた戦略が奏功した結果である。

幼少期の神田氏は、貧しい生活を送り、中学時代にゴルフ場でキャディーのアルバイトをして家計を助けた。キャディーの仕事は初対面の人と行動を共にする。その仕事を通じて、人を見る目を養ったという。その後、ラーメン店の出前持ちをする中で、野菜などを市場から「掛け」で仕入れて現金で売るというラーメンの現金商売に魅力を感じた。その後、勤務先の閉店が決まったとき、店長となって営業を続けることになった。夜遅くまで営業すると、周囲にほとんど開いている店がないため繁盛した。そしてスナックの経営にも手を出したが失敗。この失敗について神田氏は「スナックがうまくいっておれば、今頃は水商売をしていただろう。神様が失敗させてくれたのだと感謝している」と、前向きに振り返る。

スナックの失敗後に手元に残ったわずかな資金で、あらためて大宮に店を開いた。すると、繁華街であるため夜中の出前が多く、繁盛した。当時、数年すると店員が独立するというのが多くのラーメン店のスタイルだったが、神田氏は家業ではなく会社として多くの店を出したいと考えた。これが同社の創業の原点となった。

ところが、出店費用として銀行に融資を依頼しても、帳簿がきちんとできていなかったため相手にしてもらえなかった。そこで税理士に帳票類の整備を依頼。税理士から「経営計画発表会」を開くよう勧められ、社員や銀行に参加してもらって開催。神田氏も会を重ねるごとに発表会の重要性を認識し、今では「夢を語る場」として同社の重要な社内行事となっている。

アルコール類の販売増加で客単価アップ

成長するための戦略は、第一に「駅前一等地への出店」にこだわったことだ。駅前の一等地は当然ながら賃料も高いため、利益率の低いラーメン店が進出するケースは少なかった。しかし、ハンバーガーチェーンや牛丼チェーンが一等地に進出しているのに、ラーメン店ができないわけがないと神田氏は考え、積極的な展開を推し進めた。

当然ながら駅前は人が多く集まる。そのため昔は駅前に必ずラーメンやおでんの屋台が営業していた。そこに勝機を見いだそうと考えたのだ。駅前は、ハンバーガーチェーンや牛丼チェーンが撤退した物件の出店依頼が多いが、同業者は賃料の高さから敬遠する。そのため、ハイデイ日高が強みを発揮することになるのである。また、近頃はハンバーガーチェーン店と牛丼チェーン店の間に出店する戦略も進めている。

現在は首都圏の主要駅にラーメン店の『日高屋』、中華料理の『来来軒』、焼き鳥の『焼鳥日高』を展開。いずれの業態も低価格メニューによって、利用のしやすさを訴求している。しかも、神田氏が「わが社のラーメンは普通です」と言うように、手間暇をかけた「こだわり」を追求したラーメンではなく、毎日食べても飽きない味を第一に考えた。

また、ラーメンだけでなく、アルコールの売上げを伸ばすためにおつまみや炒め物メニューの充実も図っている。ラーメンだけでは、駅前の高い家賃を賄えない。アルコールとそのつまみを充実させることによって、客単価を向上させているのだ。アルコール類の売上比率は約一六％を占めており、「平成の屋台」として愛されている。

駅前一等地の高い賃料を払いながらも売上高経常利益率約一二％という高収益を支えるのは、セントラルキッチンとそれに伴う店舗の省人化による徹底したローコストオペレーションにある。食材のほとんどを工場で加工し、店舗では二次加工もしくは最終調理にとどめる。中華料理などの飲食店では、一般的に厨房とホールが分かれており、互いにフォローすることは少ない。しかし、セントラルキッチン方式により厨房の作業を軽減することで専門性をなくし、忙しいときにはフォローし合える仕組みとした。これによりスタッフの多能工化が可能となり、人件費が大幅に削減できているという。

外食産業にとって、最大のコスト要因は人件費である。作業の単純化と多能工化による人件費削減が、駅前一等地のコストを十分にカバーしているのだ。また、同社の本社ビルは賃貸であり、必要なコストと無駄なコストを明確化していることが大きな強みになっている。

夢を語り、やる気を引き出す

徹底した省人化やローコストオペレーションばかりに注目すると、近頃話題の「ブラック企業」となりかねない。ところがハイデイ日高は、人を大切にする企業でもある。売上高や利益を重視しつつ、社員の福利厚生にも力を入れている。ラーメンチェーンで週休二日制をいち早く取り入れた。また店長は月に一回集まり、神田氏が話をする。急拡大とともに社員は六〇〇人以上にまで増えたが、神田氏は「社員は相棒」という思いで接しており、常に社員との距離を近づけるよう努力している。

外食産業は、若い体力のある社員が活躍できる場である。しかし換言すると、シニア層には体力の面で厳しい業態でもある。だが同社は、シニア層が活躍できる場として『焼鳥日高』という小型の焼き鳥店を展開。六〇代のシニア層の雇用の場となっている。

そして神田氏が重視するのが「夢を語る」ということだ。自身の夢を語り、社員と共有する。夢の実現に向けてベクトルを合わせることが、同社の成長を支えているのである。ラーメン業界で東証一部に株式上場しているのは、全国でわずか四社しかない。上場という大きな目標に向けてまい進したのも、夢を実現させるというやる気の発露であった。現在の目標は、首都圏で六〇〇店舗まで拡大させること。駅を降りると必ず同社の店舗があるという状態を目指している。さらに、最終的には全国で一〇〇〇店舗の展開を目標としている。「夢を持てば、必ずやる気が出てくる」というのが、神田氏のモットーだ。

また神田氏は、夢を語り、決断することが経営者の必須条件だと強調する。駅前一等地への進出は、当初は周囲の反対が強かった。しかし、そこに勝機を見いだした神田氏の決断が、結果として急成長をもたらした。反対論があっても、経営者が断固として決断し、実行したことが重要だったのである。

レビュー

ハイデイ日高の成長モデルは、「低価格帯で利用しやすい店舗づくり」「駅前一等地で長時間営業」「セントラルキッチンによるローコストオペレーション」が挙げられる。首都圏の主要駅前に集中的に出店させるというドミナント出店により、知名度をアップさせてトップブ

会社概要

株式会社ハイデイ日高
〒330-0846 埼玉県さいたま市大宮区大門町3-105 やすなビル6F■TEL：048-644-8447■創業：1973（昭和48）年■資本金：16億2536万3422円■従業員数：750名（パート・アルバイトを除く、2015年5月現在）

ランドを確立した。また、味は普通で毎日食べても飽きない味を提供することで、価格を低く抑える一方で、つまみなどのサイドメニューを充実させ、アルコールの売上比率を向上。低価格帯を打ち出しながらも、結果的に客単価をアップさせて利益率を向上させている。つまり、味での勝負を打ち出すラーメンチェーン店が多い中、独自の価値を創造することで自社の「勝てる場」を導き出したのである。

同社は一九七三（昭和四八）年にわずか五坪の店舗でスタート。そこから首都圏の主要駅前に約三七〇店舗を展開し、東証第一部に上場するまでに急成長を果たした。その要因として、顧客価値を追求する理念と人を生かす経営システムをうまく合致させたことが挙げられる。経営計画発表会を毎年実施し、常にビジョンを社員と共有して意思統一を図る取り組みが、社員のやる気を引き出している。勝てる条件を見いだすとともに、そこに社員が一丸となる夢（目標）を掲げる戦略が、同社の成長を支え続けている。

ホリカフーズ

缶詰・レトルト技術を生かして治療・介護用食品、災害用食品に展開
～味にこだわる商品開発・チャネル開発戦略～

肉の加工技術をベースに流動食を開発

ホリカフーズ（新潟県魚沼市）は、食肉缶詰・食肉加工品（レトルトパウチなど）で培った技術を生かし、治療・介護用食品、災害用食品など「いざ」というときの食事を提供する企業である。同社は一九三六（昭和一一）年に設立された堀之内食品加工組合が前身。ぜんまいの缶詰加工から食肉加工品の生産を手掛けるようになり、一九五五（昭和三〇）年にその加工組合の工場を引き継ぐ形で堀之内缶詰として創業した。創業の背景として、新潟県魚沼市という日本屈指の豪雪地帯における「町おこし」があった。しかし単なる町おこしにとどまることなく、積極的な技術開発や食肉缶詰・加工のみならず、治療・介護用食品、災害用食品といったニッチな分野に果敢に乗り出したことが、現在の成長に結び付いたといえよう。

創業当時からコンビーフやソーセージ、ハム、ランチョンミート、牛肉大和煮といった肉の缶詰・加工品を主力商品として成長を遂げた。缶詰の技術を生かしてモモの缶詰も手掛けたが、

季節性が高いために撤退している。

また、食品加工技術とともに積極的な設備投資で無菌化の技術を向上させていたことから、一九七〇年代に流動食の開発に取り組んだ。これは大学病院からの開発依頼を受けたもので、一九七二（昭和四七）年に経管濃厚流動食を発売。さらに自社製品の販売会社を設立し、『オクノス』のブランドで経管濃厚流動食を全国の病院施設などへ展開した。そして経管濃厚流動食からプリン、経口流動食、裏ごし食品、ミキサー食へと商品ラインアップを拡大させる。そこには、同社が缶詰などの食品加工において培ってきた食材を「柔らかくする」「小さくする」「すりつぶす」などの加工を施す固有の技術が存分に生かされている。

高齢者が年々増加する高齢社会の時代にあって、要介護者は増加の一途をたどる。摂食嚥下機能障害者は八五万〜一〇〇万人に上ると推定されており、マーケットは拡大を続けている。そういった顧客のニーズをうまくくみ取ったことが、成功の鍵になったといえよう。

低タンパク米や非常食、ペットフードも手掛ける

さらに同社は、介護食とは異なる切り口で「塩分摂取」に着目し、低塩分製品を手掛けた。慢性腎不全の患者の食事療法に活用するため、低塩分かつ低タンパクの米飯の開発に行き着いたのである。米飯のタンパク質を低減させることにより、おかずとして食べる肉や魚から良質

なタンパク質を摂取することが可能となる。普通の米飯のタンパク質含有量は二・五％であるが、同社の開発した『ピーエルシー米』は通常の米飯の二〇分の一（〇・一二五％）にまで低減。このことにより、糖尿病患者の腎臓の負担を軽減することができ、人工透析にかかる医療費の抑制にもつながっている。

また『ピーエルシーごはん』は、原料のコメを酵素タンクで一八時間かけてタンパク質を落とし、四時間かけて水洗いをした後に蒸気を当てて蒸すという工程で製造する。レンジで温めるだけで食べることができる小分けのパックで製造しており、利便性も高い商品になっている。

さらに同社は、ペットフード産業へも参入。これは原料となる食肉が共通しており、缶詰の技術が生かせる分野だからだ。ペットフード産業に進出した一九八〇（昭和五五）年は、まだペットブームが到来する以前のことで、社内でも参入に対して賛否両論があった。しかし、自社技術が生かせることから、参入を決めたのである。

ペットフードは、人間の食品とは異なり原料の五％以上なら製品名にできるというアバウトな業界であった。それに対し同社は、エサではなく人間と同様の食事を提供するという観点に立ち、「デビフペット」という子会社を設立し、ニッチな高級路線を開拓した。現在は小型犬が人気で、より高級志向が高まっており、約三五億円の売上規模となっている。

時代の流れとともに、流通事情も良くなって生肉の消費が増加。それとともに缶詰のニーズは低下してきた。そういった時代の変化に対して、会社のスタート時から製造してきた自衛隊向けの缶詰のノウハウを生かし、災害用食品の分野に力点を置いた。従来の災害用食品は、備蓄食の性格が強いため日頃から食べる機会が少なく、また栄養面でも偏りがあった。そこで大学教授と非常食の研究に乗り出し、「被災前から準備することが大切である」との視点から商品を開発。そうして生まれたのが、米飯とおかずに発熱セットを同梱した『レスキューフーズ』だ。開発時に苦労したのは、発熱機能。カイロなどでは時間がかかりすぎるため、アルミ粉末を反応させて熱を出す仕組みとした。そして容量によって発熱剤を変化させる工夫も加えている。阪神・淡路大震災の被災者や復旧活動従事者を対象に商品化し、新潟県中越地震や東日本大震災など、大規模災害が発生するたびに真価を発揮している。

同社の災害用食品の大きな特徴は、いつでもどこでも簡単に温められ、さらにカレー、シチュー、牛丼、ハンバーグ、ウインナーと野菜のスープ煮など豊富なメニューを取りそろえていること。ライフラインが使えないときにもおいしく温かい食事ができるというだけでなく、平時においてもアウトドア活動の食事や普段の予備食としても十分に食べられるクオリティーを提供している。保存期間はレトルトで約三年半。保存期間を長くしたせいで味が落ちたり、使い勝手が悪くなったりすることを避けたのである。

強みは設備投資と味へのこだわり

同社の主な売上構成比は、肉の缶詰・レトルト食品が二八％、治療・介護用食品が四七％、災害用食品が一九％の割合となっている。缶詰やレトルトで培ったノウハウを多方面に活用しつつも、うまくバランスをとっている。

成長の鍵として、①どこにも負けない技術を持つ、②既存マーケットにこだわらない柔軟さ、③やれることには挑戦する、といったことが挙げられる。また、発祥が町おこしに由来するものの、非産地立地型へと脱皮を図ったことも、現在に至る成長に欠かせない要素であった。これは、積極的な設備投資を行ってきたことが背景にある。一九七〇（昭和四五）年当時、売上高二〇億円程度の頃でも設備投資額は約三億円にも上っていた。現在も熱殺菌による味の低下を防ぐために、無菌ラインを整備。機能性だけでなく味も追求し、そのための設備投資を積極的に行ってきたことが、大きな強みになっている。

レビュー

ホリカフーズの強みは、肉を「柔らかくする」「小さくする」「すりつぶす」「成形する」「流動状にする」といった固有技術を持っており、それを積極的な設備投資によりさまざまな分野に応用・活用していることが挙げられる。肉の缶詰・レトルトパウチ食品で培った技術を、治療・介護用食品、さらには災害用食品、ペット食品といった、大手が参入しにくいニッチなマーケットに展開させたことが成長モデルとなっている。

また、単に技術を活用するだけでなく、低タンパク米の開発や温かくておいしく食べられる災害用食品、高級志向のペットフードといったように、味へのこだわりも同社の特徴だ。機能性を高めるとともに、消費者が満足できるおいしさを併せ持っていることが、人気につながっているのである。災害用食品の場合、「とりあえず栄養を確保する」という機能でなく、被災者や復旧活動従事者が食事で一時的に心を休めるための「おいしさ」にもこだわった。それが東日本大震災といった過酷な災害の現場でも実績をつくることになり、さらにはモンドセレクション銅賞を受賞することにつながったのである。

「自らの持つ強みを活用し、周辺マーケットに独自コンセプトで参入する」というのは、事業拡大のセオリーだ。固有技術と味へのこだわりというコンセプトを堅持しながら、多方面に展開するホリカフーズの成長

会社概要

ホリカフーズ株式会社

〒949-7492 新潟県魚沼市堀之内286■TEL：025-794-2211■設立：1955（昭和30）年■資本金：2億5000万円■従業員数：220名（2015年9月現在）

モデルは大いに参考になる。

ヤオコー

豊かで楽しい食生活提案型スーパーマーケット
～「食材の提供業」に注力～

「小売業が主権を取り戻す」で商売のコンセプトを明確化

ヤオコー（埼玉県川越市）は、埼玉県を中心に関東一都六県にスーパーマーケット一四二店舗（二〇一五年三月末現在）を展開している。同社は一八九〇（明治二三）年に小さな青果店からスタートし、「地域のお客さまの生活に密接に関わり、お客さまに喜んでいただけることが私たちの喜びであり、生きがいであると考えています」という創業の精神を守り続け、「豊かで楽しい食生活を提案するスーパーマーケット」との方針を実践したことにより、売上高三〇七四億円（二〇一五年三月期、連結）、従業員数一万一六一一名（正社員・パートタイマー含む）の規模に拡大している。

同社は小さな青果店から、戦後は埼玉県小川地方で最も大きな食料品店へと成長。そして代表取締役会長である川野幸夫氏の母の川野トモ氏（名誉会長）が一九五八（昭和三三）年にセルフサービス方式の販売形態を導入し、スーパーマーケット化を目指すこととなり、一九六八（昭和四三）年には本格的なチェーン展開に着手した。

当時、川野幸夫氏は商家の長男として家業を継ぐことを期待されたが、「両親がお客さまにお辞儀をする卑屈な仕事であり、商品を仕入れて店に並べるだけの付加価値の低い仕事は継ぎたくない」と考えて弁護士を目指していた。しかし、父が亡くなり、本格的なスーパーへの発展に向けて母が一人で頑張っている姿を見て、少しでも手助けをしたいと考え、流通業について勉強を始めた。そこで経営学者・林周二氏の『流通革命』（中央公論新社）などに出合い、消費者が満足する商品・サービスを提供するため、メーカー・供給者から小売業が主権を取り戻すという哲学に触れ、家業を継ぐことを決心したのである。

流通業界は、戦後の高度経済成長で大きく発展を遂げた。モノのない時代から大量消費、モノの有り余る時代となり、消費者は好みがはっきりとして要求水準は高くなった。十人一色から十人十色、さらに一人十色の時代となり、小売業は専門性を高める必要性が生じた。そのため、商品を並べれば売れた時代は終わり、ターゲットを明確化して「何屋」になるかをはっきりさせなければならなくなった。ヤオコーはどんなスーパーマーケットづくりを目指すかを考え、一九九四（平成六）年に第一次中期三カ年計画を策定し、商いのコンセプトと業態の確立を明確化したのである。

食生活をサポートし、ライフスタイルの充実を図る

ヤオコーが明確化したコンセプトは、「ライフスタイルアソートメント型スーパーマーケット」。スーパーの商品群は、コモディティー商品（大衆実用品・汎用品）とライフスタイル商品（生活充実品で生鮮・デリカ部門に多い）に大別され、コモディティー商品は価格が価値となる価格訴求型であるのに対し、ライフスタイル商品は商品そのものが価値を生む価値訴求型である。ヤオコーは、生鮮やデリカといったライフスタイル商品において、消費者のニーズを的確に把握して充実させる「アソートメント」を目指す方針を定めたのだ。

そしてコンセプトに沿った店舗改革を次々と実施。一九九八（平成一〇）年に狭山店を実験店としてマーケットプレース型店舗へと大改革を行った。これは、広場で開かれる市場をイメージした店舗づくりである。

二〇〇三（平成一五）年には川越南古谷店を、食事という生活シーンづくりのための課題解決の手助けや提案ができる「ミールソリューション」を充実した店舗として、また川越的場店を価格コンシャス（意識）を強化した店舗として出店。個人消費が低迷し、所得格差が拡大する中で価格への意識を強めた、今後のヤオコーのモデルとなる店づくりであった。

こうした新規コンセプトの店舗展開は、日本人の食生活をサポートするミールソリューションを目指してライフスタイルの充実を図るとの考え方が基本となっている。日本人は昔から四季折々にいろいろなものを食べて味わってきた。食に楽しみを持っており、舌も肥えている。また高齢社会の進展によって健康に対する関心も高まっている。日本人が食べる食材は、生鮮食料品など日持ちしない商品が多く、鮮度とおいしさを兼ね備えることが求められる。そのため、消費者は頻繁に買い物に出掛けなければならない。

そうした日本人の特性を踏まえた上で、スーパーマーケットを「食事という生活シーンをターゲットとした商売」と規定し、食材の提供業であることに注力。また、生鮮やデリカの品ぞろえの豊富さ、おいしさの魅力を充実させ、狭い商圏で頻度多く来店してもらえるよう、店舗を「街やコミュニティーの中央広場で開催される市場」という位置付けにしている。

日本人は食生活の地域差がさほど大きくないが、小さな商圏に絞ると顧客の特性は異なる。そこで重視しているのが、店舗で実際に働く従業員だ。従業員は同時に地域のカスタマーであり、顧客のニーズをよく理解している存在だからだ。ヤオコーでは、本部は各店舗の手助けをする存在であり、各店舗がチェーン展開のメリットを生かしながら顧客ニーズに合った商売をすることを目指しているのである。

目指すは日本一働きたい会社

各店舗の現場を重視する個店経営の手法は、パートタイマー従業員を「パートナーさん」と呼んで重視するスタイルに表れている。パートナーさんは家庭の主婦として食事の生活シーンを支える主役であり、地域の事情にも詳しい。その潜在力をいかに店で発揮してもらうかが、商売のポイントになると考えているからだ。そのため、個店経営は店長だけでなく従業員全員で取り組むようにしている。

そうした現場を支えるパートナーさんは、優秀であり、高いモチベーションを持っている。教育研修や技術訓練といったキャリアアッププランを整備し、仕事を任せることによって主体的な取り組みを経験してもらっている。また、自分の働きが顧客の反応として返ってくることや、命令や統制ではなく自らの意思で働くことで得られる仕事の喜びを感じてもらい、小売業で働く楽しさを実感してもらっているのである。こうした優秀なパートナーさんが下支えする全員参加の取り組みが、同社の原動力になっている。

パートナーさんを重視する姿勢は、会長や社長が各店を回った際に、必ずパートナーさんに声を掛けていることにも表れている。あいさつによって、その人の人格を認めることになるからだ。従業員を財産と考え、育てることを重視しているのである。

二六期連続の増収増益（単体）を続けているヤオコーは、「日本一元気なスーパーマーケット企業」であるといわれている。その要因として、志の高い企業哲学をしっかり持っていることと、商いのコンセプトが明確であることが挙げられる。この二点は、どの企業にも当てはまる大事なポイントである。ヤオコーの企業理念は「生活者の日常の消費生活をより豊かにすることによって、地域文化の向上・発展に寄与する」というもの。スーパーマーケットの仕事を通じて世の中の役に立ち、地域住民から「ヤオコーが近くにあってよかった」と喜びを感じてもらうことを重視。そして良い会社に発展するためには、倫理的に正しい明確なビジョンを持つことが欠かせない。変化適応業である小売業は、顧客ニーズの変化に対応するだけでなく、変化を主導することも大切である。そのため、「おかげさまで」と感謝される生き方を大切にする働きがいのある職場づくりを目指しているのである。

ヤオコーの目標は、日本一働きたい会社になること。生活者主権の時代こそ活躍の場が広がるとして、役割を果たすことで顧客に喜ばれるとともに、生産性を高めて従業員の待遇を向上することを目指している。

レビュー

ヤオコーが二六期連続で増収増益を続けている原動力は、ライフスタイルアソートメント型スーパーマーケットというコンセプトを明確化させ、ブランドとして成立させていることが挙げられる。食料品の味や鮮度、安さはもちろん、メニューに合わせた食料品を中心として品ぞろえを充実させ、「食事という生活シーンづくりのための課題解決を提案する」という簡潔で分かりやすい目標を掲げ、価値訴求型を追求している点が強みになっている。広場で開かれる市場のイメージで楽しい食卓を演出し、楽しい買い物ができる店づくりが独自の付加価値を創造しているのである。

また、そうした顧客価値を追求する理念や方針を実現するため、人を生かす取り組みにも余念がない。特に、主婦でもある現場のパート従業員を「パートナーさん」として重視し、全員参加の経営を打ち出してモチベーションを向上させる仕組みづくりも、強さの秘訣である。

経営哲学と商売のコンセプトを明確化し、そして「おかげさまで」と言われる働き方を全従業員に徹底して教育する。そのことが、地域に密着した店舗づくりを実現し、モノ余り時代にあっても「日本一元気なスーパーマーケット企業」と呼ばれる理由となっている。

会社概要

株式会社ヤオコー

〒350-1123 埼玉県川越市脇田本町1-5■TEL：049-246-7000■創業：1890（明治23）年■資本金：41億9900万円■従業員数：1万1611名（グループ計、2015年3月末現在）

第 6 章

成長企業トップインタビュー

カミチクホールディングス

世界中の人においしい牛肉を
～こだわりの国産牛肉で六次産業化を実現～

株式会社カミチクホールディングス
代表取締役社長　上村昌志氏
×
株式会社タナベ経営
小山田眞哉

鹿児島県に本社を置くカミチクホールディングスは、エサづくりから牛の繁殖、放牧、育成・肥育、製造・加工、販売、そして飲食店の運営まで一貫して手掛けることで、他社にまねのできないビジネスモデルを構築している。牛肉の加工・製造を行うカミチクが中核となり、より美味な牛を育成するためのエサづくりや血統の研究、そして生産した牛肉を「好価格」で提供する小売店や外食店を展開。グループが一体となって、消費者のさまざまなニーズに応じて牛肉を提供する体制を整備している。まさに一次・二次・三次の機能をグループでバランスをとりながら展開し、生産から食の提案までトータルでサポートする六次産業化への挑戦を行っているのが最大の特徴だ。

同社は一九八五（昭和六〇）年に創業。ダイエーの牛処理業務などを行いながら、牛の生産事業をスタート。一九九三（平成五）年に生産事業を担う錦江ファームを設立した。二〇〇二（平成一四）年に東京へ進出し、二〇〇六（平成一八）年から和牛専門の焼き肉店『薩摩 牛の蔵』を東京各地で展開。また、二〇〇八（平成二〇）年に南さつま家畜人工授精所の許認可を取得し、受精卵の研究にも乗り出した。二〇一二（平成二四）年にはケイミルク（現・伊佐牧場）を設立し、酪農事業も手掛けている。牛に関する多彩な事業展開を行うことで、より付加価値の高いカミチクブランドを構築している。

従来の子牛生産から肥育、生体市場、食用市場、卸売市場、食品スーパーといった分業体制では、マージンの発生などコスト高となる要因のほか、流通経路の複雑さから安全・安心の面で不安要素が払拭し切れない面がある。それに対して、カミチクがグループで構築している六次化スタイルの取り組みは、エサからのこだわりに始まり、徹底した安全・安心の裏付けを明確にするとともに、コストの低減も実現。これによって、よりリーズナブルな「好価格」での商品提供を実現しているのである。安さだけを強調するのではなく、きちんと裏付けのある好価格を打ち出していることが、同社の強みだ。また、牛肉ブランドに応じて店舗コンセプトを明確化し、「ハレ」の日の特別な食事からファミリー向けの食事まで、顧客ニーズに対応できる店舗展開を行っている。

グループの使命は、世界中の人においしい牛肉を食べてもらうこと。国内では直販体制を強化するとともに、積極的に海外に打って出る方針だ。海外進出は、和牛の輸出や海外で肥育した牛肉の輸入ではなく、エサづくりから育成、加工・製造、販売・外食までの一貫体制をパッケージで輸出することを考えている。自社の持つ強みをはっきりさせ、そこに重点的に力を投じているところが、カミチクの強みになっているのである。

◆畜産農家の誠実さで数多くの危機を乗り越える

小山田　和牛産業を取り巻く環境やカミチクグループの現状についてお聞かせください。

上村　今、食肉業界は大きく変わろうとしており、私はそれを複雑な感情で見ています。エサをはじめ、畜産のコストは上昇するばかり。また、海外から安く質が良くなってきた輸入牛肉がどんどん入ってきて、厳しい価格競争にさらされています。そのため、畜産農家は疲弊するばかりです。

一方、牛肉が普及する中で日本人の食文化も大きく変化しています。今や品質の良い肉でなければ、消費者には食べてもらえない。しかし、健康志向の高まりとともに「サシ（霜降り状の脂肪）の入ったA5等級が一番」という時代でもなくなっています。

これらの環境変化は、私が以前から考えていた通りになっています。カミチクグループは環境変化に対応するため、エサづくりから牛の繁殖・肥育、製造・加工、さらに外食産業までという一貫体制を強めています。時代の変化の中で可能性を見つけ、安くておいしい牛肉を、付加価値を付けて売る仕組みを整えてきました。

小山田　創業からの三〇年間で、急成長を成し遂げられました。スタート時はどんな思いでしたでしょうか？

上村　もともと父が畜産農家で、その仕事に強い誇りを持っていました。しかし、畜産農家は儲からない。それは自分で値段が決められないからです。また、父は牛のブローカーもしており、商売についても私たちにさまざまなことを教えてくれました。日頃から正直に嘘をつかないことの大切さを、言い聞かされてきました。そして畜産農家を私の兄に、私が製造・加工を、外食産業は弟が、といったように、今でいう六次産業化の必要性をよく話していました。私は父のことを誇りに思っており、父の考えを実現させようと考えたのが、カミチクの創業の原点でした。

カミチクは一九八五（昭和六〇）年、私が二六歳のときに創業しました。それは、父や兄の牛を適正な値段で売りたいという思いからでした。大学を辞めて畜産会社で勉強し、まさに何もないマイナスからのスタートでしたが、生産者や小売店・量販店・焼き肉屋さんなどさまざまな人に会い、たくさん勉強をさせていただきました。

小山田　初めてお会いした一五年前は、売上規模がちょうど一〇〇億円に届こうかという時期で、経営方針づくりの支援がご縁のスタートでした。それが現在に至るまで、さまざまな節目・結節点があったと思います。

上村　現在はグループ全体で売上高が約三〇〇億円、従業員数一一〇〇名になっています。その間の牛肉業界は、まさに逆風の連続でした。Ｏ１５７問題をはじめ、口蹄疫、ＢＳＥや偽装問題、近年はセシウム問題、ユッケ問題など数々の問題が起きました。そういった問題が起きるたびに牛肉産業の信頼性が揺らぎ、衛生管理やトレーサビリティーが厳しく求められるようになりました。それまで、この業界はグレーな部分がたくさん残っていました。Ｏ１５７や口蹄疫などは、衛生管理をしっかりしていれば避けることができます。そして問題がないことを理解してもらうには、衛生管理や安全性について消費者にはっきりと示し、安心してもらうことが何よりも大切なのです。

私は、そういった問題が起きる以前から衛生管理を厳しくし、牛の個体管理にも取り組んでいました。国の方針が出る以前から取り組んでいたことから、何か問題が起きると逆に信頼性が高まったのです。そして何よりも誠実であることを、第一に考えました。それは私が畜産農家の出身だからです。「農家は正直に嘘を言わずに仕事をする」との考えが根底にあるため、誠実に嘘を言わず、丁寧な対応を心掛けてきました。

そうすると、数々の問題が起きて業界全体に逆風が吹くたびに、カミチクは強くなった。地道な取り組みによって、お客さまから「やっぱりカミチクに任せておけば」と言ってもらえるようになりました。さまざまな問題が起きるたびに、それが節目となってカミチクは大きく成長することができたのです。

◆六次化スタイルの一貫体制が成長の鍵

小山田　誠実に対応されたことで、危機が訪れるたびに強くなり、そして成長されたわけですね。そして今ではグループ一〇社で牛肉の一貫体制を整備されています。グループ企業各社の業務内容についてお聞かせください。

上村　グループ会社は、大きく分けてエサづくりから繁殖・肥育を行う会社、製造・加工・販売を行う会社、そして外食・小売りを行う会社の三種類に分類することができます。

まず、エサづくり・研究・肥育を行っているのが、錦江ファーム、ケイファーム宮崎、ケイファーム熊本、ケイミルクの四社。錦江ファームは、畜産業・飼料製造業、人工授精所として牛の能力を最大限に引き出し、顧客ニーズに合わせた牛づくりを行っています。大分、八代、阿蘇を中心に飼料用のイネを契約農家に生産してもらい、それをベースにしたエサづくりを行うほか、おいしい牛肉づくりの研究を行う家畜人工授精所、元気な子牛を産む繁殖母牛の放牧事業、そして南九州にある約六〇農場で約一万七〇〇〇頭を飼育しています。ケイファーム宮崎も畜産業として、繁殖から育成・肥育まで一貫して行う体制を確立。ケイファーム熊本は繁殖母牛の放牧事業、伊佐牧場は酪農業で、最高のミルクづくり、乳製品づくり、子牛づくりと、乳肉一貫で取り組んでいるのが特徴です。

伊佐牧場ではチーズ工房にもチャレンジしており、国内の有名シェフのニーズをくみ取り、こだわり抜いて育てた乳牛から生産する牛乳と、フランスから招いた職人とで最高級のチーズをつくりたい。生クリームやバターにも挑戦したいと考えています。

製造・加工・販売は、カミチク、ケイフーズ、クオリティミートの三社。カミチクは食肉加工卸売りを手掛け、グループの中核として顧客満足の達成と安全・安心・美味な牛肉を好価格でお届けするとの目的を持っています。屠場からパック加工まで同一施設内で処理することで、安全性を高めています。ケイフーズは、東京食肉市場で食肉加工卸売りを行っています。鹿児島産のこだわりの牛肉を関東のお客さまに提供するとともに、情報収集・発信の場としても機能しています。クオリティミートは、豚肉の加工処理を手掛けています。

そして外食事業を展開するアンドワークスがあります。焼き肉店、居酒屋を展開。鹿児島産黒毛和牛のおいしさを全国のお客さまに知っていただきたいという思いから、お客さまに感動していただき、そして社員満足も高める店づくりを行っています。東京では高級志向の店として、薩摩牛のみを提供する『薩摩牛の蔵』や黒毛和牛をリーズナブルな値段で提供する『薩摩丹田』を展開。関西はファミリー層を対象とした『産直焼肉ビーファーズ』『炭火焼肉のて』やワンランク上の『炭火焼肉銀のて』のほか、アンドワークスから小売部門を独立させ、ケイファーマーズを設立。肉に重点を置いた食品スーパーの展開も進めているところです。

小山田　まさに六次化スタイルという言葉の通り、グループで牛肉を一貫して提供できる仕組みになっていますね。そこが競争優位性戦略を確たるものにしています。

上村　一貫体制は、エサからのこだわりで安全・安心を裏付けています。そしてグループで一貫した体制とすることで、中間マージンをカットできます。その結果、安全で品質も高くおいしい牛肉を、驚くような価格で提供することができるのです。

◆こだわりの牛肉をニーズに合わせて提供

小山田　商品カテゴリーはどのようになっていますか？

上村　和牛は四つのブランドを展開しています。最高級が『4％の奇跡』。これは最高級といわれるA5等級の牛肉の中でも四％しか取れない超プレミアムの牛肉です。最高の肉質ときめ細かなサシが入っており、まさに奇跡の牛肉です。本当においしいですよ。

次に『薩摩牛』があります。品評会受賞歴のある和牛生産者が育てた、4等級以上の鹿児島産黒毛和牛。生産者にこだわったこの取り組みは、日本初です。生産者のこだわりを紹介することで、消費者の興味を引いて信頼関係の構築にもつながります。

『元米牛』は、コメで育てた黒毛和牛です。健康で元気な和牛を目指し、エサにこだわりました。玄米を加えた自社開発のTMR発酵飼料を与えることで、絶妙のあっさりとしたおいしい牛肉となっています。

『ヘルシークイーンビーフ』は、子牛を産んだ母牛の肉です。低脂肪・低カロリーで、ヘルシーなのが特徴。経産肥育牛は肉質が固いため、価格は手頃です。脂肪分が少ないヘルシーさに焦点を当てて新たな食べ方を提案することで、安くておいしい牛肉として提供しています。

こうした四つのブランドを消費者のニーズに合わせることができ、他店との差別化を図っています。エサづくりから製造・加工まで一貫体制による安全・安心とともに、ブランドの特徴を明確化したことで食材の物語を描くことができるのです。

小山田　コメで牛を育てるというのは面白いですね。

上村　国産の牛肉でも、エサは約九〇％が輸入に依存しています。そんな状況をおかしいと思ったのがきっかけでした。国内には耕作していない田畑がたくさんあります。それを利用できないかと考え、玄米を加えたＴＭＲ発酵飼料をつくったのです。飼料米や稲藁《いなわら》で飼育する牛は、あっさりした味になります。まさに近年の赤身が好まれる嗜好に合っています。「米を食べて元気な牛」ということで、『元米牛《げんまいぎゅう》』と名付けました。そうした背景にある物語も、お客さまに伝えることができます。

小山田　それぞれのブランド牛は、店頭価格でどれくらいでしょうか。

上村　『４％の奇跡』は、一〇〇グラム一〇〇〇円以上はします。『薩摩牛』が七〇〇円ぐらい。『元米牛』は三五〇〜五〇〇円くらいの価格帯で、『ヘルシークイーンビーフ』はその下に位置しています。

これら多様な価格帯の肉から、お客さまに選んでもらうことができます。鹿児島市にある直営店『産直鉄板ビーファーズ』では、これらブランド牛をシーンに合わせて提供することができる店舗です。三階建ての店舗は、一階はカウンター席で薩摩牛の鉄板焼きを、二階は元米牛のセルフ鉄板焼きを、そして三階は最高級ブランド牛肉の4％の奇跡を専属シェフの技で楽しんでもらっています。一つの店でありながら、三種類の楽しみ方ができるのが大きな特徴となっています。

小山田　明確な商品戦略があるわけですね。取り扱う頭数はどれくらいでしょうか。

上村　九州で約六〇カ所ある農場で、一万七〇〇〇頭を肥育しています。キャパシティーは最大で二万三〇〇〇頭ですが、エサや元牛が高騰している現状では、最大にすると経営が持ちこたえられません。生産と販売のバランスを考えながら、一万二〇〇〇頭くらいにまで減らしていきたいと考えています。

小山田　拡大戦略ではなく、バランスを考えるわけですね。

上村　これまでは、とにかく売上高を追求していました。しかし今後もそれを続けると、命取りになりかねません。われわれが生産する牛肉のこだわりを分かってくれるところや直営店に売り先を絞り込みたいと考えています。

牛肉も安さが追求されているのが現状です。その一方で、コストは確実に上昇しています。安さばかりを強調しても、良くはなりません。

小山田　価格ばかりが重視され、その価格は量販店が決めています。量販店が強くなりすぎ、食品会社が疲弊している現実があります。

上村　価値観をどこに見いだすかが、大切だと思います。

小山田　同じ人でも、日によって食べたい牛肉は異なりますね。

上村　A5等級の最高級の牛肉がおいしいのは、誰もが知っています。しかし、最高級の牛肉は「ハレ」の日にだけ食べるもの。ほとんどの人が、いつも最高級の牛肉を求めているわけではないのです。だからさまざまなシーンに合わせて、リーズナブルな値段でおいしい牛肉を提供したいと考えています。

小山田　価値と価格のバランスを図るために、規模縮小を考えられているわけですね。

上村　M&Aを積極的に行っているので、どんどん拡大するように思われている。しかし、儲かっているときだからこそ、規模縮小を考えています。M&Aは直販体制を整備するためであり、規模を縮小した先のことを見据えた取り組みなのです。

◆国内は残り福戦略で、海外進出は積極的に

小山田　カミチクの将来や未来について、どうお考えですか。

上村　グループの使命感・理念を変更し、ホールディング制に移行しました。国内マーケットはさらに厳しくなるでしょう。円安や飼料高騰のため、輸入牛は安く入ってこなくなります。

そこで、本当に組めるパートナーを探し、お客さまに満足いただける一貫体制の牛肉生産と売り場づくり、外食店に力を入れたい。これまで輸入牛が中心だったファミリー層向けの店舗に、和牛のお肉を好価格で提供するコンセプトで、他社にまねのできない店づくりをしたいですね。これから経営が厳しい店が出てくるので、M&Aを積極的に行う。国内でも十分にやっていける体制をつくります。

小山田　厳しい淘汰を生き抜く「残り福戦略」ですね。

上村　あと海外も面白い。牛肉生産の一貫体制を持っているので、技術をパッケージとしてすべて持っていけます。これまでは、国内で生産した和牛を海外に輸出するか、海外で生産した牛肉を輸入するかという考え方でした。しかしカミチクの規模では、そのやり方だと大手に太刀打ちできません。だから現地で牛を生産し日本に輸入するのではなく、現地で消費する。一貫体制の技術を持つカミチクだからこそ、できると考えています。すでにパートナー探しをしており、近く海外事業の部署を立ち上げて本格的に動く予定です。ベトナムやタイ、インドネシアは有望です。

小山田　そうすると、マーケットは無限にありますね。使命感についてお聞かせください。

上村　二〇一五年五月に、新しい使命感を打ち出しました。「カミチクグループは世界中の人に生産者の想いと美味しさをつなぎ喜びと元気を提供します」。カミチクの規模では、大量に売ることはできません。しかし、売り方や技術は持っています。ブロック肉で売らなくても、スライスパックで売る方法もある。つまり売り方なのです。このノウハウがあれば国内で生き残ることができ、さらに世界にも打って出られるのです。

ほかにも、乳牛に和牛を産ませる研究を進めています。乳牛に体外受精した和牛の受精卵を着床させ、和牛を生産するのです。これまで和牛の母牛は子牛を産むだけが仕事でした。しかし母牛が乳牛であれば、和牛の子牛を産むだけでなく牛乳も生産することができる。まだ開発途上の技術ですが、成功率は高まっていますよ。以前、オーストラリア牛に和牛の精子を着床させて和牛との交雑種を産ませる技術に取り組みました。「豪州産の和牛なんて誰が買うのか」と言う人もいましたが、今では世界中で大ヒットしています。和牛の三分の一のコストで、オージービーフの二倍の値段で売れますから。そういった研究開発も欠かせません。

小山田　まさに世界に広がるビジネスですね。それも技術の裏打ちがしっかりあります。今後の可能性はいかがでしょう。

上村　国内は残り福戦略です。厳しい時代を生き抜くために、人材育成に力を入れています。牛肉加工ではなかなか人が集まりませんでしたが、今は外食や畜産・酪農、チーズづくりも行っているので多くの人が来てくれるようになりました。採用時に私がじっくりと説明し、入社後も懇談会や階層別の勉強会などで思いを共有する機会を多く設けています。

小山田　将来の夢はどうでしょうか。

上村　世界中の人においしい牛肉を食べてもらい、元気になっていただくこと。そして個人的には私の存在が忘れられるような会社にしたい。ホールディング制に移行したことで、各社の社長が育っていく。私はたまに「どう?」と顔を出すだけ。私は五〇代になったばかりですが、六〇歳になるまでには、そういう形にしたいですね。

レビュー

上村社長はとにかく目の輝きが強い人で、将来や夢を語る姿はエネルギッシュだ。しかもビジョンや将来の夢は、これまでの実績や積み重ねてきた技術に裏打ちされているのが大きな特徴である。生産から加工・製造、外食産業にまで徹底したこだわりに基づき牛肉を提供するという強みを最大限に発揮するためのビジョンが明確化されている。単に牛肉を生産し、加工し、販売するというだけでなく、一貫した物語性を付加することで「コト」を売る六次産業化を実現しているところが、大きなポイントとなっている。

会社概要

株式会社カミチクホールディングス

〒891-0116 鹿児島県鹿児島市上福元町6921-1■TEL：099-268-5296■創業：1985（昭和60）年■資本金：5000万円■従業員数：1100名（カミチクグループ計、パート含む、2015年5月現在）

企業が一〇〇年後にも存続するには、「使命（MUST）」「可能性（CAN）」「夢・希望（WANT）」の三つの要素が欠かせない。カミチクは「世界中の人に生産者の想いと美味しさをつなぎ、喜びと元気を提供する」という強い使命感を持っている。そして国内では規模縮小を図りながら残り福を獲得する戦略を採り、海外へ積極的に展開する可能性を探っている。さらに、これまで上村氏がエンジンとなって推し進めてきた体制を人材教育によって継承し、世界中でカミチクのおいしい牛肉を食べてもらうという大きな夢を持っている。

日本はこれから人口がさらに減る状況にあり、食品企業が右肩下がりになるのは自明の理だ。従来と同じやり方では、到底生き残れない。つまり、現状の継続だけでは一〇〇年先の挑戦権はないのである。カミチクは、食文化と真剣に向き合い、新たな技術を生み出しながら、顧客に満足感を与え続けることを第一義に考えている。その上村氏の思想をいかに継承し、進化を追求する姿勢を持ち続けるかが、一〇〇年先も面白い企業となる条件となろう。

どんぐり

顧客満足の追求で強固なファンを生む
～業界の常識を打破する焼きたてのパン～

株式会社どんぐり
代表取締役社長　野尻雅之氏
×
株式会社タナベ経営
小山田眞哉

どんぐりはパンの製造販売で札幌市内に八店舗を展開し、売上高約二四億円、坪当たり売上げ日本一の企業である。同社の最大の特徴は、業界では〝非常識〟な取り組みである。まず、パンを売り切ることよりも、閉店三〇分前であっても焼きたてのパンを並べることを重視する。そしてロス率を恐れず、常に棚に山盛りのパンを並べるようにしている。さらにセントラル工場を採用せず、すべてのパンを各店で製造している。コロッケパンのコロッケは、ジャガイモの皮むきからすべて各店で行っているほどである。

こうしたこだわりは、「お客さまのために」を第一に考えた結果だ。ロスを出さないために閉店前にパンの品ぞろえが減ることや、パンと具材をセントラル工場でつくって店に並べることは、会社側の都合であって顧客にとってメリットはないと考えている。

また、各店の店長に多くの権限があり、品ぞろえから新商品の開発まで各店の裁量で行えるようになっていることも特徴である。年間に生み出される新商品は約五〇〇種類にも上る。各店で考えた新商品は、スタッフも売るのに力が入る。各店のスタッフは多くの決定に関与できるため、モチベーションが高い。各店でパンを製造するために全店統一の味にならないことが懸案事項であるが、それも「どんぐりらしさ」と許容するところが、同社の面白さである。

そんな取り組みから生まれたのが、『ちくわパン』だ。これも顧客との会話の中で生まれたものである。当初は全く売れなかったが、今やテレビなどで取り上げられて有名になり、北海道の多くのパン店で並ぶ人気商品となっている。

非効率であり手間と時間がかかることであっても、また業界の常識から逸脱していることであっても、「お客さまのために」という理由があればすべて実行するのが、どんぐりである。お客さまの求めに応じることは、お客さまが自慢できる店につながる。ファンが生まれれば、クチコミでさらにファンが生まれる。そういった善循環が、さらに「どんぐりらしさ」を生み出しているのである。

◆原点は世話好きの母が営むパン屋さん

小山田　まずは企業の現況をお聞かせください。

野尻　札幌市内に八店舗を展開しており、売上高が約二四億円、従業員数約四〇〇名で、そのうち正社員は約一三〇名です。セントラル工場は採用しておらず、すべて各店舗で調理しています。例えばカレーパンなら野菜の皮むきから、カツサンドも豚ロースの味付けからすべて各店舗で行っています。温かい焼きたてのパンをお客さまに食べていただきたい、喜んでいただきたいとの思いで、商品開発や売り場構成などの権限が店長にあるところが特徴です。

小山田　一九八三（昭和五八）年に創業されました。どうしてパン屋さんを開業されたのでしょうか。

野尻　もともとは母が喫茶店『どんぐり』を始めたのがきっかけです。母はとにかくサービス精神が旺盛な人で、私が学生だった頃友人を家に招くと、食べ切れないくらい料理を振る舞ってくれるほどでした。喫茶店どんぐりは多くのお客さんに来てもらえていたのですが、自宅から遠すぎたために閉店。その後に市場でパン屋の居抜き店舗があるとの話があり、そこで開業したのが現在につながっています。そして現会長である父もサラリーマンの仕事を辞めて店に入りました。

一緒にやり始めた当初、父は「自分のやりたいことを自分のやりたいときにできる素敵な仕事だ」と思っていたようです。ところが現実はそれほど甘くありません。「やり続けるのはとても大変なことだと後から分かった」と言っていました。

小山田　次々と店舗を展開されたのですか？

野尻　時間がかかっています。二店舗目を出すまでに約一五年かかりました。その六年後に三店舗目の森林公園店を出店。三店舗目は私が入社して一年後のことです。本来は別の場所に店を出す予定でしたが、直前にキャンセルになってしまったため慌てて森林公園店の場所に出すことになりました。ここは本店の次に出店した路面店です。周囲の人からは「あの場所はやめなさい！」とさんざん言われたのですが、実際に開店日を迎えると寒空の中をお客さまが二時間も行列をつくって待ってくださっていた。これは本当に感動しました。

小山田　すでに名が通っていたのでしょうか。

野尻　当社は宣伝をしませんし、ビラも配りません。すべてクチコミです。「お客さまに喜んでいただく」を徹底していたことが、結果として表れたのだと思います。

当初は父が職人としてパンをつくり、母が販売を一手に引き受けていました。母はとにかく愛想が良く、お客さまの要望を聞きました。お客さまに「今そのパンが欲しい」と言われれば、焼き上がる前でもオーブンを開けて売ってしまうのです。

私の経験した話ですが、私はどんぐりに入る前に居酒屋のホールスタッフとして働いていたことがあります。その仕事中にあった出来事ですが、お客さまがパン屋の話を始めました。「昔おせっかいな小さなパン屋があってさ、トラックのドライバーだった僕に、よくおまけをしてくれてたんだよ」などと話をしていました。ちょうど暇だったこともあって、私がパン屋の名前を聞くと返ってきた答えは「確かどんぐりだったと思うな」でした。とても驚き、私の実家であることを伝えると、そのお客さんは「君のお母さんに本当に良くしてもらった、ありがとう」と土下座をするようにして言ってくださったのです。お酒が入っていたこともあると思いますが、そこまで言われるのはよほどのことだと思いました。当時は私自身がよく分かっていませんでしたが、今になって当時の〝お客さまとのどんぐりらしい距離感〟が感じられる経験だったと分かるようになりました。

◆閉店間際にもアツアツのパンを提供する非常識経営

小山田　「お客さまに喜んでいただく」が徹底されています。しかも、業界では非常識といわれることばかりですね。

野尻　すべて、お客さまに喜んでいただくことを基本としています。鮮度へのこだわりから、いつでも焼きたてのパンを提供するため、セントラル工場は採用していません。出来たてのパンはとてもおいしいのです。中のクリームが熱い揚げたてのクリームドーナッツやカツが熱いカツサンドの味はたまらないです。その味を、お客さまに楽しんでいただきたいのです。

小山田　閉店三〇分前であっても、パンを焼き続けていますね。

野尻　閉店前だから温かいパンがないというのは、店側の都合です。商品ロスを恐れて閉店前は棚に並ぶパンが少なくなるのも、店の勝手な都合です。お客さまには常においしいパンを食べていただきたい。あえてロスを恐れずに、お客さまが選べるだけの商品を陳列します。また、トレーに数個しかパンがないと、お客さまの手は伸びません。だから常に山盛りに並べるようにしています。

小山田　新商品も積極的に出されています。

野尻　各店舗の裁量で新商品をつくっています。そしてヒットすれば、ほかの店舗でも販売します。もちろん本部でも商品開発をしており、全店で売り出すようお願いすることもあります。しかし本部で開発した商品は、すぐに店頭から消えてしまうことが多いのです。なぜなら、自分たちが開発した商品とは思いの入り方が違うので、数が伸びないためです。ですので全店共通の商品は全体の五〇％くらいしかありません。

小山田　各店に強い権限があるのですね。

野尻　常に現場に答えがあると会長から教わっていますから。売りやすい商品は、お客さまが買いはしたが満足度は高くない商品であるかもしれません。お客さまに喜んでいただける答えは、現場でしか分かりません。

よく「好きだったパンがなくなっている」との問い合わせがあります。そういう場合、「事前に連絡をいただければ、用意できますよ」と対応します。去年の夏限定商品をもう一度食べたいとの問い合わせがあれば、一週間限定でつくることを店長が決断することもあります。「このパンに餡を入れてほしい」と言われたり、「トマト抜きのサンドイッチが欲しい」と言われたりすれば、その場で対応することが日常的にあります。

これらの対応は、細かなルールを定めてしまうとできないことばかりです。「お客さまのために」ということを守っていれば、ルールで縛ろうとは思いません。もちろん、原価の合わない新商品や会社のイメージに沿わない商品が出てしまい、後から対応をすることもあります。しかしそれでも、管理してルールで縛ろうとは思いません。

あるファストフード店に行くと、「六人掛けのテーブルは三名様以上でご使用ください」「イスの上に足を乗せないでください」「泥酔したお客さまはご遠慮ください」など、あちこちに注意書きがあります。でもこれらは、わざわざすべてのお客さまに要求すべきではなく、現認した段階で店側が注意をすれば済むことです。私は、一人一人のお客さまと向き合うことが大切ではないかと思います。「できること」「できないこと」を細かくルールで定めるのは、すべて店側の都合。もちろん、安全に関することは定めますが、お客さま対応は現場の判断に任せるべきだと考えています。

本部は各店を管理するという概念ではありません。一緒にお店をより良くしていくチームです。各店は、父ちゃん母ちゃんが経営する八百屋さんなどの個人商店みたいな考え方です。

小山田　顔が見える対応で、すべて同じオペレーションが求められるコンビニエンスストアとは対極に位置していますね。

野尻　コンビニは近くて便利だから利用するものです。お客さまは〝どんぐりへ行く〟という目的を持ってご来店いただいていると思います。要望を言ってくださるお客さまは、店側にわざわざ伝えるという手間をかけておられます。個人的な要望に対応してもらった経験は、必ず記憶に残ります。そういう経験や記憶を大切にしたいと考えています。

◆一人一人のお客さまに向き合うことを重視

小山田　各店で新商品を開発すると、商品が増えすぎませんか？

野尻　多すぎるため時々調整しますが、それでも多いですね。しかも、「唐揚げパンの唐揚げだけ売ってほしい」という要望を受けて北海道では「ザンギ」と呼ぶ唐揚げの串刺しを販売したり、コロッケだけ売ったりと、パンだけでなく惣菜の商品も販売しています。惣菜パンと菓子パンの割合も見ていますが、結果として見ているだけで、割合をコントロールしようとは考えていません。

いろいろな数字が出てきますが、それらはすべて結果を見るためのものだと考えています。もちろん売上げを伸ばすことは大切ですが、そこに目が行ってしまうと、売上げを伸ばすための店づくりになってしまいます。後から検証するための材料が数字であって、基本はお客さまに楽しんでもらうという考えをベースにしています。

セントラル工場にすれば効率的であることは分かっています。全店で同じ商品を同じ品質で提供すればコストが抑えられます。しかしそれは、すべて店側の都合。どんぐりでは「泥臭い」という言葉が時々出てきますが、一人一人のお客さまに泥臭く向き合うことが、どんぐりらしさであり、お客さまが求めているものだと考えています。

小山田　ベースにある「どんぐりらしさ」が、世間では非常識といわれる理由ですね。

野尻　あんパンの中に入れる餡は各店で炊いているのですが、どうしても品質や味にブレが生じます。それを統一しようとは思いません。もちろん、ブレないように努力はしますが、ブレないようにすることが仕事になってはいけないと思います。大切なのは、現場が品質や味のブレに意識を働かせること。基準を定めてしまうと、自分で考えなくて済んでしまう。製造ラインは自分で感じて判断する。これが「らしさ」につながっていると考えています。

以前、新入社員が鉄板拭きをしていたときのことです。私が「もう少し早く拭くように」と注意すると、その社員から「早くすると汚れが残ってしまう」と反論されました。早くきれいに拭くことが大前提ですが、時間があるときは丁寧に拭くことを意識し、忙しいときは早く拭かないとパンが焼けません。それをルールや基準として細かく定めると、誰も考えないで仕事をしてしまう。面倒なことですが、鉄板を拭く作業一つとっても考えることができるのです。

小山田　通常であれば、作業をいかに標準化し型決めするかを重視します。それが全く逆の方向であるだけに、難しい道でしょうね。

野尻　よく「どんぐりとはどんな会社？」と聞かれますが、「変な会社です」と答えています。店によって、日によってパンの品質や味にバラツキができてしまうのが現実です。しかし、お客さまはそのバラツキを手づくりだからと許容してくれています。私たちの仕事は、今できる最大の努力で楽しんでいただける商品やお店をつくることです。たとえ非効率であっても、お客さま目線を第一に考え、お客さまと店との距離感を近づけることが、どんぐりの生き残る道です。これは、すごく手間がかかるし大変なことですけどね。

パートさんから休みの日に市内のパン屋めぐりをした話を聞きます。自ら興味を持って、他社のパン屋さんを見に行ってくれているのです。パートさんも店のことを考え、どうすればいいかを考えてくれています。当社は、いわゆる父ちゃん母ちゃんが経営する個人店の雰囲気がベースであり、それが価値を生んでいます。

小山田　「本質は何か」が浸透しているのですね。

野尻　あと二店ほど出せば、売上高は三〇億円に到達するところまできました。中小企業が乗り越えるべき三〇億円の壁を感じており、どうするかを考えています。どうやって成長したかを振り返ると、ひたすら頑張ってきただけ。そこで、せっかくこれまで他社と違う道を歩んできたのだから、このままの路線でいいのではないかと思い始めています。これまでも、社内で研修を繰り返してきました。「どんぐりらしさ」や「想い」を確認することが大切だからです。

◆関係する人すべてが輝ける存在に

小山田　目標についてお聞かせください。

野尻　社長に就任して四年が過ぎ、ずっと「自分の目標は何か?」と考えてきました。例えば五〇店舗で売上高一〇〇億円という目標は立てられますが、「何のためにそうするのか」という理由が分からない。今のところ規模を追求する拡大はしない考えで継続していくことが一番大切だと考えています。お客さまや取引先さん、どんぐりの全社員、そしてどんぐりがお互いに必要と感じ続けることが、会社が継続する条件だと考えています。

地域のお客さまと親子パン教室を行っています。区民センターなどの場所を借り、家庭用のオーブンでパンづくりを一緒にしています。どんぐりのスタッフが手取り足取りで生地からつくるので、時間も手間もかかります。しかし後日、子どもさんが担当したスタッフを訪ねて店に来てくれるのです。また、「家でメロンパンを焼いたけど、どうしてもうまくいかない。どうすればいいのか」とスタッフに電話がかかってきます。パン屋にパンのつくり方を問い合わせるのは、普通はしないことでしょう。でも、私はその距離感を大切にしたい。お客さまに喜んでいただくことが、一番の目的ですから。

小山田　今後の可能性については、いかがですか？

野尻　パンづくりでは、それなりの規模になってきたと思います。今ではコロッケや唐揚げなど、惣菜の分野も少しずつ増えています。各店で手づくりをしているという強みを生かし、温かい惣菜を提供することが可能です。値段や小回りばかりが注目される効率重視の世の中ですが、温かさの大切さを知ってもらえる店の雰囲気を持ち続けたいです。

小山田　パン屋でありながら、パン屋ではないというイメージですね。

野尻　たまたま〝パン〟を通してどんぐりがあるだけで、パンではなくほかの商品でもよかったかもしれないです。お客さまに喜んでもらえるお店づくり・時間づくりをすることが私たちの仕事で、それを〝パン〟というものを通して表現しているのだと思っています。また、お客さまだけではなく、どんぐりに関わるすべての方に喜んでもらえるような会社にしたい。そして地元の方に愛され、社員やその家族が「どんぐりで働いてよかった」と思い、郷土が誇る会社になりたいと考えています。

さらに、社員の子どもが働く父・母の姿を見る機会をつくりたいと思っています。真剣に働く現場を見れば、父・母が輝いて見えるでしょう。また、農家さんとも近い存在になり、農家さんも輝ける機会をつくりたいと製粉会社さんと話をしています。どんぐりの社員とお客さまが農家さんの作業を体験し、その大変さや思いを感じてもらう。どんぐりで働く人や、どんぐりに関係する人が輝ける場をつくりたいのです。

レビュー

どんぐりは「お客さまに喜んでいただく」という理念以外はルールを定めていない。ルールがなければ混乱しそうなものだが、社員それぞれが「何をすべきか」を考えながら行動する点が大きな強みとなっている。各店に商品開発や陳列などの権限を持たせ、主体的に考えることを求める。また、閉店三〇分前であっても温かいパンを焼き続けたり、セントラル工場を採用せずに各店ですべてのパンづくりを行ったりと、ローコストオペレーションとは対極にある手間暇をかけた店づくりは、顧客価値を高めるというシンプルな思想をダイレクトに顧客に伝え、根強いファンを生み出している。業界の非常識と思える取り組みが数多く見受けられる同社だが、その非常識を徹底することで他社にまねのできない強みに転換しているのである。

同社の使命（MUST）は、「お客さまに喜んでいただく」の一言に尽きる。地元にとってなくてはならない存在となるため、愚直なまでに顧客サービスを徹底する。温かくておいしい手づくりのパンを食べていただくという原点を守り続けることが、使命となっているのである。

実現性のある将来（CAN）としては、手づくりの温かい雰囲気を生かして、パンだけでなく惣菜の分野も手掛けることがある。これは、すでにパンの具材として使用する唐揚げやコロッケなどがヒット商品となっているように、顧客のニーズは十分にある。各店で焼いて揚げるというアツアツの食事を提供し、顧客に満足いただくというわけだ。

そして夢・希望（WANT）は、郷土が誇る存在になること。また、

会社概要

株式会社どんぐり

〒003-0022 北海道札幌市白石区南郷通8丁目南1-7■TEL：011-867-0636■創業：1983（昭和58）年■資本金：1000万円■従業員数：480名（パート・アルバイトを含む、2015年9月現在）

社員が「どんぐりで働いていることを自慢できる」会社になることだ。顧客満足を追求するにとどまらず、取引先や社員とその家族も満足できることを追い求める。売上げや規模を追求する成長ではなく、顧客満足度のアップを追う成長が「どんぐりらしさ」といえよう。

ひたすら「お客さまのために」を徹底することこそが、どんぐりの最大の強みになっている。顧客満足の追求は、どの企業も掲げていることであり、企業経営の原点でもある。しかし、どこかで「自社の都合」とのジレンマが生じる。自社の都合を徹底的に排して顧客に尽くすことが、どんぐりらしさになっている。型破りと思える顧客満足の追求が、面白い会社として存続する原動力になっているのである。

ロマンライフ

世界を意識した京都クオリティ経営でコトづくりを推進 ～「京都らしさ」が生み出す価値創造経営～

株式会社ロマンライフ

代表取締役社長　河内誠氏

×

株式会社タナベ経営

小山田眞哉

百貨店の売り場を見渡すと、有名な洋菓子店がひしめき合っている。また、毎年のように新たなスイーツブームが生まれ、顧客の満足度のハードルは年々上昇している。そのような厳しい競争が繰り広げられている洋菓子業界において、「京都クオリティ」という西洋の技術と和の伝統を結び付けたコンセプトで異彩を放っているのが、京都北山マールブランシュを運営するロマンライフだ。

ロマンライフは、一九五一（昭和二六）年に珈琲店『ロマン』としてその歴史をスタートさせた。外食産業で多店舗展開をしたものの、収益の悪化により縮小。そこで、苦境を打破するために洋菓子事業を手掛けた。これは低価格競争による疲弊から、高付加価値による利益率の改善への大きな転換となった。悪戦苦闘をしながら洋菓子事業を軌道に乗せ、次に打った手が「京都クオリティ」だ。本社のある京都の伝統から学んだ洋菓子づくりは、社内の抵抗やコンセプトの実現に苦労したものの、今や京都の定番商品となったお濃茶ラングドシャ『茶の菓』を生み出した。

同社は、京都クオリティ経営を打ち出すと同時に、京都地区以外の出店を漸減させる施策を採用。最大三七店舗だったものを、二〇一四（平成二六）年には二六店舗にまで減らした。その一方で、売上高は右肩上がりを続けており、二〇一四年七月度に五八億円となった。大量生産と大量消費を目指したモノづくりではなく、京都クオリティに軸足を定めた価値創造（コトづくり）に重点を置いた結果だといえよう。

現在、ロマンライフは京都クオリティ経営をより前進させるべく、パリやニューヨークでの商品の特別販売をはじめ、京都クオリティ研究所での知の蓄積による京都らしさの固有技術化を推進しているところだ。そしてロマンライフ大学を設立し、大家族主義での人材育成にも余念がない。京都クオリティという、日本人のＤＮＡに息づく和の伝統を生かした顧客満足の追求こそが、大きな強みになっている。

◆珈琲店から外食産業、洋菓子へ業態転換を図る

小山田　まずは現状についてお聞かせください。

河内　創業から六四年目を迎えており、売上高は六〇億円弱です。事業は、日本人の五感に響く洋菓子づくりで京都のおもてなしをお届けするマールブランシュ事業と、鶏料理専門店と鶏素材を加工したスープなどを販売する侘家《わびや》事業の二本柱となっています。売上規模は、マール

ブランシュが約九〇%の五五億円程度を占めており、侘家は約一〇%弱の五億円程度といったところです。

小山田　一九五一（昭和二六）年に創業された当時は、珈琲店を経営されていました。

河内　現名誉会長の父が、個人事業として珈琲店『ロマン』を開業したのが始まりです。その後、法人となって珈琲店からロードサイドレストランなどの外食産業へと多店舗展開を行いました。ところが売上げは伸びるものの、当時はファミリーレストランが次々と出てきたために競争が激しくなり、収益はどんどん悪化しました。そこで、そのまま外食産業を続けるのか、それとも別の道に転換するのかを考えたのです。

そして一九八二（昭和五七）年に洋菓子の製造・小売事業としてマールブランシュ事業を立ち上げたのです。創業から三〇年目にしての、商売替えとなりました。

この転換は大きなものでした。それまでは外食産業でローコストのチェーン展開を追求していたものが、洋菓子は高級志向でコストも高いわけですから。顧客層も、それまでは大衆向けだったものが、洋菓子は富裕層を対象としたもの。まさに全く方向性の異なる分野への大きな転換となりました。

小山田　洋菓子という着眼はどこからきたのでしょう。

河内　その当時、私は神戸の大学に通っており、ちょうど高級な洋菓子店が神戸で次々と誕生していた時期でした。見ているとものすごく優雅で繁盛していました。一方、自社は収益が悪化し、人件費の削減ではどうにもならないくらいの状況に陥っている。われわれは広い店舗で駐車場も完備し、二四時間近く営業しても、ほとんど利益は出ませんでした。

ところが洋菓子店なら、小さな店で午前一〇時から午後八時までの営業時間で高い利益が見込めるのです。中小企業にとってこれからは高付加価値を提供できるものが良いと考えていましたので、まさにうってつけの事業だと思いました。

◆ブランドづくりのために苦境を耐え忍ぶ

小山田　外食産業から洋菓子へと、全く違う業種に進出されました。しかも、外食産業もやりながらの転換です。苦労もあったのではないでしょうか。

河内　意気込みはよかったのですが、そもそも何も知りませんでしたから。本来なら儲かっているときに新規事業を育てるのがセオリーです。ところが、外食部門が次々と閉店する厳しい状況の中での新規事業の立ち上げは、本当に苦しかった。当然ながら、高級路線の洋菓子ビジネスを始めたところで、お客さまがすぐに来てくれるわけではありません。

高級志向のビジネスは、ブランドづくり、信用づくりが欠かせません。そしてブランドはすぐにできるものではない。じっくりと時間をかけてブランドを育てなければならない一方、明日のキャッシュづくりもしなければならないのです。これを両立させるのが厳しかったですね。「この商売をしていていいのか？」とずいぶん悩みましたよ。

小山田　苦境を脱して、右肩上がりになったきっかけは何でしょう？

河内　百貨店に出店したことで、売上げは伸びました。資金が潤沢ではないメーカーは、百貨店と組んで伸ばすのがよいと考えました。しかし、当社から百貨店に頭を下げて出店させてもらう方法は避けたかった。こちらからお願いすると、どんどん値段をたたかれるだけになってしまいますから。だからブランドがあれば必ず有利になると考え、我慢をしながら案内を送ったりして、話が来るのを待ちました。そして一九八九（平成元）年に大丸京都店に、冷蔵ケースと焼菓子スペースの小さな店を出したのです。

小山田　そこから全国展開されたわけですね。

河内　当初はなかなか伸びませんでしたが、徐々に売上げを伸ばすと、ほかの百貨店からもオファーが来るようになりました。そして東京にも進出し、ようやく軌道に乗せることができたのです。二〇〇八（平成二〇）年に最大三七店舗まで拡大しました。

ところが出店数を増やしたところで、一店舗当たりの売上げはそこそこなのに収益はあまり良くはなりません。それはほかの洋菓子メーカーと比べて、突出した強みがなかったからです。

トップブランドの二番手くらいの位置付けでしたが、大きな特色を示せていないため、抜きん出ることができていなかったのです。そこに気付いて「自社の強みは何か」を追求し、ようやくたどり着いたのが「京都クオリティ」という考えでした。

◆和の伝統から学んだ京都クオリティ

小山田　京都クオリティの着眼はどこからきたのでしょう。

河内　日本全国の洋菓子事業で継続的に成功している企業は数多くありません。つまり、理想とするビジネスモデルが見つかりにくいのです。一方で当社の周囲を見渡すと、京都には長い歴史を持つ和菓子会社がたくさんあります。そこからヒントを得ようと思いました。

自分たちが持っている強みは何かを考え、アイデンティティーや独自性を見直したところ、わが町・京都には歴史や文化、生き方、哲学があふれていることに気付きました。なにせ一二〇〇年以上も文化を守り続けてきたわけですから。それらをもう一度学び直し、洋菓子であっても京都を取り入れることが生き残る道になると考えたのです。つまり、京都育ちである自分たちのＤＮＡにある京都を、オリジナルのアイデンティティーにするのです。これは前例のないことであり、オンリーワンになると確信しました。

小山田　長い歴史で培ったことは、なかなかまねのできることではありません。

河内　建物などは、長い年月によって味が出ます。そういう経営をしないといけないと考えました。「守るべきもの」と「変えるべきもの」が必ずあります。守るべきものはまねができない部分であり、資産やブランドになります。そして変えるべきものは、時代に合わせて変化させる部分。これをどう組み合わせるかです。

小山田　「モノづくり」から「コトづくり」への転換ともいえますね。

河内　京料理の世界は、目利き・味利きなど一流好みの厳しい五感を持ったお客さまに満足していただかなければいけません。それを洋菓子でどう表現するか。そして世界の本物を京都の「ほんまもん」にしつらえる固有技術を持たなければなりません。

それは「洋菓子らしさ」と「京都らしさ」を両立させることです。例えば視覚であれば、洋菓子らしくフランス語を散りばめたデザインにするだけでは、京都らしさがありません。また、京都らしいからと舞妓さんの絵を描くだけだと、陳腐になります。それをどう組み合わせるのかが難しいのです。味覚でいえば、例えば、バターの風味を残しながら、抹茶とのハーモニーを考える。

つまり、おいしさの原点となる「素材」にこだわり、京都に根付いた匠《たくみ》の「技」を極めることです。そして日本人の求める繊細な「味」を、四季と寄り添うおもてなしの「心」とともにお届けするというのが、京都クオリティの考え方です。そういった素材、味、技、そして心を大切にして京の美意識を生かした洋菓子として誕生したのが、お濃茶ラングドシャ『茶の菓』です。ラングドシャのサクサクした食感に、お濃茶の味を生かした焼き菓子で、今やマールブランシュを代表する商品に育ちました。

こうした取り組みは、なかなか難しい。しかし周囲には、祇園をはじめ参考になる場所がたくさんあります。そこに息づいているDNAを、いかに洋菓子に翻訳するかが重要になるのです。とはいえ、追求し続けることは簡単ではありません。でも、その努力は私たちにしかできないオンリーワン経営につながるのです。

◆海外展開や五感研究でコトづくりを追求

小山田　海外進出にも積極的に取り組んでおられます。

河内　京都を打ち出すことは、土着的でローカルなものとなりそうですが、グローバルになることも大切だと考えています。お節料理のお重のようなパッケージであっても、ニューヨークの五番街で通用するデザインであってほしい。ローカルの本物とグローバルの本物を併せ持ち、世界に出しても通用するものをつくるという意識を大切にしています。

小山田　世界最初の百貨店といわれるパリのボン・マルシェにも出品されていますね。

河内　ここで認められれば「ほんまもん」になるという意識からです。同じく、ニューヨークにも出品し、ブランディングや信用づくりに取り組んでいます。現在、海外専用のブランドを立ち上げようと考えているところです。日本と同じやり方では成り立たないので、京都クオリティのDNAを生かしながら、変えるところは変える方向で考えています。

小山田　北山本店をはじめ、店づくりにもそういったこだわりが見えますね。

河内　私たちの思いを理解して咀嚼《そしゃく》してくれるデザイナーと出会えたことが大きいですね。「良いデザイン」とは、当たり障りのないものではなく、お客さまの感覚に触れるものだと思います。つまり「あく」が必要なのです。デザイナーは、通常ならなかなか「あく」が出せない。しかし、人として付き合いを深め、同志になる人間関係づくりをすることで、思いや理念を共有して「らしさ」を出してもらっています。

小山田　パッケージや店づくりも素晴らしいですね。

河内　お客さまは「らしさ」を求めています。そこを十分に打ち出したトータルなデザインが大切。また、京都人の持つ五感をどう生かすかを研究するため、京都クオリティ研究所を設立しました。五感はあくまでも感覚的なものですが、それをデータ化することによって基準が生まれ、データを共有することができる。そうすることによって、京都クオリティを世界に広げるだけでなく、世界の本物を京都の「ほんまもん」にしつらえるということも可能になると考えています。

◆大家族主義がロマンを支える

小山田 言葉で分かっていても、現場にいかに結び付けるかが難しいですね。

河内 京都クオリティを打ち出して、一番抵抗したのは社員でした。「洋菓子で京都をうたって売れるわけがない」とか「意味が分からない」といった意見がたくさんありましたよ。抵抗があっても、ほかにないことなのでチャレンジを続けました。私自身も漠然としたイメージから、繰り返し話をすることで実感できるようになったくらいですから。繰り返し話すことで、社員もだんだんと分かってくれました。

小山田 人づくりはどのように取り組まれていますか。

河内 ずっと「大家族主義」でやっています。入社いただいた社員は家族であり、生涯働いてもらい、素晴らしい人生を送ってもらいたいという考えです。そのため、成長コンテストや企業内託児所の設置、海外への社員旅行など、数多くの取り組みを行ってきました。また、パートを含む全従業員が日報を書き、すべて私が目を通して時にはコメントを書いたりしています。

日報はピックアップして、社内新聞「ロマンライフニュース」として日々配信しています。これは理念の浸透とともに、コミュニケーションツールにもなっているのです。社員と社長との距離が近いのが、中小企業の利点。社長＝オヤジの感覚ですね。

また、後継者や次世代の幹部となる人材を育成するため、「ロマンライフ大学」を設置しています。これはお客さま満足のために成長し続ける「人財」を育てることを目的としており、各部署でロマンライフ独自のスキルマップを作成し、感動創造企業としてのマネジメントを学ぶ場となっています。幹部候補生の教育の場ともなっており、将来の会社の姿に向けた投資です。普段の業務では感じにくいことを学び、視野を広げて経営について考える視点を習得することを目標としています。

小山田　人を伸ばすことに注力されているのですね。

河内　伸びしろは人であり、まさに企業は人なりです。後天的に成功体験を積み、「自分はできる」と勘違いをすると、人は潜在能力を発揮します。私がそうでしたから。中途半端な人生を送っていた私が、社長の息子として入社して嫌だった社長業に就くことで、自分の想像をはるかに超えた力を出すことができた。本当に理解できるのは、体験したことです。だから、苦しいことでも楽しく生き生きと仕事ができる場をつくりたい。企業は金も大切だけど、それだけではダメです。社員が「面白い」と思えるような会社にならないと、継続することはできないでしょう。
　また、社員にエネルギーを注入するのが社長の仕事。モチベーションアップや哲学・理念を伝えるのは社長にしかできません。

小山田　人はエネルギーを注入されると、どんどん伸びて視野が広がります。

河内　エネルギーが高まれば、できることは広がります。京都クオリティ研究所では、五感データの共有化を進めています。そこに世界中の洋菓子メーカーが集い、データを活用できる場になればと考えています。これは一〇年後、二〇年後のビジネスの柱となるでしょう。和食が世界中で注目を集めており、京都らしさは大きな資産となります。それを共有できる材料があれば、必ず世界中から手を組もうと来るはずです。

小山田　まさに社名の通り、根っこに「ロマン」があるのですね。

河内　父は「夢がなければ、生きていても仕方がない」とさかんに言っています。夢を見つければ、必ず成功できます。夢を見つける力が成功であると、常々言っているのです。

レビュー

　ロマンライフの大きな強みは、高級洋菓子でありながら「京都らしさ」を全面に打ち出し、「京都クオリティ経営」を実践していることだ。西洋文化の中で発展した洋菓子と、日本の伝統文化の中心地である京都の組み合わせは、まさに異文化同士の衝突である。それをミックスさせて新たな価値である「京都クオリティ」を創造したことが、単なるモノづくりからコトづくりへと発展させ、他社との差別化をもたらしているのだ。

同社は、珈琲店から外食産業、高級洋菓子への進出、多店舗展開から京都クオリティ経営といったように、何度も大きな転換期を乗り越えてきた。それは、企業として存続するために欠かせないチャレンジであった。チャレンジを支えた背景には、「大家族主義」で社員を大切に思う姿勢がある。社員を育て、社員とともに成長する企業であることが、厳しい洋菓子業界の競争の中で確固としたブランドを築く原動力ともなっている。

ロマンライフの使命（ＭＵＳＴ）は、京都クオリティ経営の実践による和の伝統と西洋の技術を邂逅《かいこう》させること。「西洋の本物を京都のほんまもんにしつらえる」という固有技術をいかに高めるかを使命としている。

そして実現性のある将来（ＣＡＮ）は、ロマンライフ大学をはじめとする大家族主義での社員教育により生き生きとした人材を育成し、京都クオリティを世界に向けて発信することだ。欧米への出品に加えて航空会社の機内食に採用されるなど、「京都らしさ」を盛り込んだ洋菓子は、世界に羽ばたこうとしている。それを下支えする人材の育成が何よりも大切なのである。

夢・希望（ＷＡＮＴ）は、京都クオリティを追求する研究所が、京都の感性から生まれる新たなビジネス提案の場となることだ。味など五感をデータ化することで、食材を生かす技の継承が可視化できる。その強みを生かし、新たな食文化の発信地になることを目指している。

高い品質と顧客満足のあくなき追求こそが、ロマンライフの成長エンジンとなっている。大家族主義の経営で人材にエネルギーを注入できる限り、MUST・CAN・WANTの三拍子がそろったロマンあふれる面白い会社として存続するだろう。

三社のトップに共通していたのは、食品事業に対して、

①高い志・使命感（MUST）
②実現の可能性や目標（CAN）
③さらに高みを目指す夢や希望（WANT）

——という「MUST」「CAN」「WANT」を備えていたことだ。「自社がやり遂げなければならないこと」「自社にできること」「自社が望むこと」。この三点こそ、食品ビジネス企業が学ぶべき姿勢であると提言し、本書の結びとしたい。

会社概要

株式会社ロマンライフ
〒607-8134 京都府京都市山科区大塚北溝町30■TEL：075-593-6464■創業：1951（昭和26）年■資本金：3000万円■従業員数：650名（2015年7月現在）

おわりに 「一〇〇年後も一番に選ばれる会社」に挑む

「食」という字を分解すると、「人」に「良」と書く。つまり、人を良くすること、人に良いもの。食事は「人を良くする事」であり、食物は「人に良い物」であり、そして食品は「人に良い品」となる。では、「人に良い」とはどういうことであろうか。それは、人の生命を維持させるもの、未来への成長を支えるもの、人生を豊かにすることではないだろうか。

筆者は、「〝食〟は未来の自分との出会いであり、食品事業は未来の命をつかさどる価値ある仕事である」と常々、提唱している。食品ビジネスは、農業生産者、物流企業、原材料加工メーカー、食品機械・装置メーカー、食飲料品メーカー、衛生検査・成分分析企業をはじめ、それらを提供するホテル・旅館業、卸売企業、小売店、外食・飲食店など多岐にわたる。いずれも未来の社会の姿を明確に決定付ける、価値ある使命を担っている。それだけに、一〇〇年先も一番に選ばれる〝強く、面白い〟企業であり続けることの価値・意義は、極めて大きい。

本書でも述べた通り、筆者は研究会メンバーである食品関連企業経営者とともに、海外での食材調達と食品マーケットの現状を観測するため欧州を訪れた。国際食品総合見本市「ＳＩＡＬ（シアル）」（フランス・パリ）、「Ａｎｕｇａ（アヌーガ）」（ドイツ・ケルン）では、世界中から集まったバイヤーの熱気に圧倒され、食材の幅広さに目を見張るばかりであった。日本国内の食品マーケットがいかに閉塞的で、それに比べて世界の食品マーケットがいかに巨大かを痛感させられたのである。

世界の食分野は、とてつもなく広い。と同時に、それは日本の食品ビジネス企業にとっても、成長チャンスが大きく広がっていることを意味する。例えば、約二〇億人を擁するイスラムの食の戒律、ハラール。現在、イスラム教の戒律に従って製造された食品「ハラールフード」マーケットの成長が著しい。世界トップクラスの生産管理能力・加工処理技術を有する日本企業にとっては、参入余地が大きなマーケットである。

また、新鮮な野菜が採れない砂漠地帯に向け、少量の水や海水から淡水化した水で食を供給する水耕栽培技術の輸出が進んでいる。このように世界に目を向ければ、未来の命をつかさどる価値ある仕事の分野は無限にある。

視点を日本国内だけでなく、世界にも置き、マーケットを多角的・多国籍にまたがって見ること。もちろんマーケットとしてだけでなく、生産拠点や調達拠点として世界を見ることも、一〇〇年先に一番に選ばれる食品関連企業には、絶対条件となる。食品ビジネスのフィールドは、今やワールドワイドなのである。

私たちタナベ経営は、「企業を愛し、企業とともに歩み、企業繁栄に奉仕し、広く社会に貢献すべく、国際的視野に立脚して無限の変化に挑み、常にパイオニアとして世界への道を拓く」ことを、経営理念としている。私は、まさにこの理念を実現することが、ファーストコールカンパニーに挑む食品関連企業への支援になると信じている。

いずれにせよ、切磋琢磨することこそがファーストコールカンパニーへの条件だ。本書を手に取られたことを機に、ぜひ、私たちの「食品・フードサービス成長戦略研究会」に参加いただき、前向きな仲間とともに無限の変化に挑み、パイオニア精神で世界への道を拓いてほしいと願っている。

なお、最後になりましたが、多くの食品現場の知見を発信する機会をいただいたタナベ経営をはじめ、生きた事例の掲載に快く応じていただいた各社の皆さま、また、本書をまとめるに当たり現場で奮闘したコンサルティングチームメンバー諸氏に、この場を借りて感謝を申し上げるとともに、出版にご尽力いただいたダイヤモンド社の花岡則夫編集長、前田早章副編集長、並びにクロスロード安藤柾樹氏に御礼を申し上げます。

小山田眞哉

［著者］

小山田 眞哉（おやまだ・しんや）

タナベ経営 食品・フードサービスコンサルティングチームリーダー

開拓、製品開発による事業戦略構築に定評があり、食品メーカーの垂直統合戦略など、多くの中堅・中小企業の未来を共に創ってきた。人事・営業・財務・購買・生産などの経営管理機能のコンサルティングも手掛け、多くのクライアント先を成長に導いている。特に食品ビジネスを中心としたコンサルティングにはタナベ経営随一の実績を持つ。現在、食品ドメインチームリーダーとして食品・フードサービス成長戦略研究会を推進しながら、全国企業にコンサルティングを実施している。

［編者］

タナベ経営 食品・フードサービスコンサルティングチーム

大手コンサルティングファーム・タナベ経営の全国主要都市10拠点における、食品・フードサービス分野専門のコンサルティングチーム。ファーストコールカンパニーを目指す企業の事業戦略から組織戦略、経営システム構築、人材育成まで幅広く手掛け、多くの実績を挙げている。2011年7月より「食品・フードサービス成長戦略研究会」を主宰し、北は北海道から南は沖縄、また海外にまで足を運び、メーカー・卸・流通・サービス業など「食」に関わるさまざまな優秀企業を経営者とともに視察・研究している。本書では各コンサルタントが、全国を東奔西走する中で得た多くの知見を実例中心に整理し、食のファーストコールカンパニーを目指す企業経営者に経営改善メソッドを提示している。

ファーストコールカンパニーシリーズ
本当は“おいしい”フードビジネス——100年先も面白い成長モデル

2015年10月29日　第1刷発行

著　者——小山田眞哉
編　者——タナベ経営 食品・フードサービスコンサルティングチーム
発行所——ダイヤモンド社
〒150-8409　東京都渋谷区神宮前6-12-17
http://www.diamond.co.jp/
電話／03·5778·7235（編集）03·5778·7240（販売）
装丁————斉藤よしのぶ
編集協力——安藤柾樹（クロスロード）
製作進行——ダイヤモンド・グラフィック社
印刷————堀内印刷所（本文）・共栄メディア（カバー）
製本————ブックアート
編集担当——前田早章

ISBN 978-4-478-02923-7